精品工程施工工艺操作口袋书系列

装饰装修及屋面施工工艺
操作口袋书

中建八局浙江建设有限公司　组织编写

U0196270

中国建筑工业出版社

图书在版编目（CIP）数据

装饰装修及屋面施工工艺操作口袋书/中建八局浙江建设有限公司组织编写.—— 北京：中国建筑工业出版社,2024.5

（精品工程施工工艺操作口袋书系列）

ISBN 978-7-112-29672-9

Ⅰ.①装… Ⅱ.①中… Ⅲ.①建筑装饰－工程装修②屋面工程－工程施工 Ⅳ.① TU767 ② TU765

中国国家版本馆 CIP 数据核字（2024）第 056051 号

本书中未注明的，长度单位均为"mm"，标高单位为"m"。

责任编辑：王砾瑶　张　磊
责任校对：赵　力

精品工程施工工艺操作口袋书系列
装饰装修及屋面施工工艺操作口袋书
中建八局浙江建设有限公司　组织编写
*
中国建筑工业出版社出版、发行（北京海淀三里河路9号）
各地新华书店、建筑书店经销
北京海视强森文化传媒有限公司制版
临西县阅读时光印刷有限公司印刷
*
开本：787毫米×1092毫米　1/32　印张：6⅝　字数：160千字
2024年8月第一版　2024年8月第一次印刷
定价：**49.00**元
ISBN 978-7-112-29672-9
　　　（42244）

为贯彻落实党的二十大精神，助推建筑业高质量发展，全面提升工程品质，夯实基础管理能力，践行发扬工匠精神，推进质量管理标准化，提高工程管理人员的专业素质，我们认真总结和系统梳理现场施工技术及管理经验，组织编写了这套《精品工程施工工艺操作口袋书系列》。本丛书包括以下分册：《地基与基础施工工艺操作口袋书》《主体结构施工工艺操作口袋书》《装饰装修及屋面施工工艺操作口袋书》《机电安装施工工艺操作口袋书》。

　　丛书从工程管理人员和操作人员的需求出发，既贴近施工现场实际，又严格体现行业规范、标准的规定，较系统地阐述了建筑工程中常用分部分项工程的施工工艺流程、施工工艺标准图、控制措施和技术交底。具有结构新颖、内容丰富、图文并茂、通俗易懂、实用性强的特点，可作为从事建设工程施工、管理、监督、检查等工程技术人员及相关专业人员的参考资料。

　　丛书在编写过程中得到了编者所在单位领导以及中国建筑工业出版社领导的鼓励与支持，同时还收集了大量资料，参阅并借鉴了《建筑施工手册（第五版）》和众多规范、标准的相关内容，汇聚了编制和审阅人员的辛勤劳动及宝贵意见，是共有的技术结晶和财富。在此，一并表示衷心的感谢。希望本丛书能对规范施工现场各工序操作提供有益指导，同时也期望丛书能对所有使用本丛书的读者有所帮助。限于编者水平、经验及时间，书中难免还存在一些不妥和错误之处，恳请读者及同行批评指正，编者不胜感激。

编　者

2023 年 7 月于杭州

目录
contents

9 饰面板（砖）施工工艺

10 单元式幕墙施工工艺

11 框架式幕墙施工工艺

12 水性涂料涂饰工程

13 溶剂型涂料涂饰工程

14 美术涂饰工程

15 屋面找平层

16 屋面卷材防水层

1

水泥混凝土面层工艺

1.1 施工工艺流程

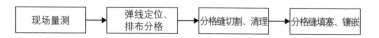

```
现场量测 → 弹线定位、排布分格 → 分格缝切割、清理 → 分格缝填塞、镶嵌
```

1.2 施工工艺标准图

序号	施工步骤	材料、机具准备	工艺要点	效果展示
1	现场量测		按分格尺寸弹线定位，大面积地面施工应采用分仓跳打。混凝土内宜设防裂钢筋网片，并在分格缝处断开	
2	弹线定位、排布分格	成品分格条、平板振动泵、切割机、刮尺、木抹、铁抹、钢筋网片、耐候胶、美纹纸等	1）有柱网时按柱中心线分格； 2）沿墙根及柱根四周150～200mm处分格设伸缩缝； 3）伸缩缝间距不大于4m×4m或面积不大于16m²； 4）垫层与面层伸缩缝上下对应； 5）地沟、设备基础等凸出物周边应留设伸缩缝； 6）面层伸缩缝宽度宜为15～20mm，切割时缝宽宜为5～8mm； 7）地面各种变形缝的设置需与结构协调一致，防止地面被拉裂	

序号	施工步骤	材料、机具准备	工艺要点	效果展示
3	分格缝切割、清理	成品分格条、平板振动泵、切割机、刮尺、木抹、铁抹、钢筋网片、耐候胶、美纹纸等	面层宜采用机械抹压收光，垫层伸缩缝用木尺杆或挤塑板预留。面层伸缩缝采用切割机切割，深度同砂浆或细石混凝土面层厚度	
4	分格缝填塞、镶嵌		分格缝采用耐候胶进行填嵌，嵌填前应清理缝内杂物。打胶前两侧粘贴美纹纸保护，胶厚 5 ~ 6mm，胶条或胶面距地面面层 1 ~ 2mm	

1.3 控制措施

序号	预控项目	产生原因	预控措施
1	地面起砂	1）多次成活；2）配合比控制不当；3）压光时间过早；4）上人过早，破坏面层	1）确保一次成活；2）严格控制水灰比；3）垫层施工前要充分湿润；掌握好面层的压光时间；4）合理安排施工流程，避免上人过早
2	地面空鼓	1）地面浮灰等杂物过多；2）基层清理不到位；3）配合比控制不当	1）认真清理表面的浮灰、浆膜以及其他污物，并冲洗干净；2）基层表面需清洁；3）严格控制水灰比

序号	预控项目	产生原因	预控措施
3	地面龟裂	1）养护滞后、成品保护措施不到位； 2）未合理分缝	1）及时做好养护工作，做好成品保护措施； 2）对大面积面层进行合理分缝，面层达到一定强度时及时进行切缝

1.4 技术交底

1.4.1 施工准备

1. 材料要求

（1）采用的粗骨料最大粒径不应大于面层厚度的 2/3，细石混凝土面层采用的石子粒径不应大于 16mm。

（2）水泥强度等级不低于 42.5 级。

2. 主要机具

成品分格条、平板振动泵、切割机、刮尺、木抹、铁抹、钢筋网片、耐候胶、美纹纸等。

3. 作业条件

（1）水泥混凝土面层厚度应符合设计要求。

（2）水泥混凝土面层铺设不得留施工缝。当施工间隙超过规定允许时间时，应对接槎处进行处理。

（3）面层的强度等级应符合设计要求，且强度等级不应低于 C20。

1.4.2 操作工艺

（1）找平层铺设前，应对基层进行检查。应对立管、套管和地漏与基层节点之间的密封处理进行检查。找平层与其下一层结合牢固，不得有空鼓。找平层表面应密实，不得有起砂、蜂窝和裂缝等缺陷。

（2）整体面层铺设时，其基层（水泥类）的抗压强度不得小于1.2MPa，表面应粗糙、洁净、湿润并不得有积水。铺设前应按设计要求刷素水泥浆一道。

（3）整体面层施工后，养护时间不应少于7d，抗压强度应达到5MPa后方准上人行走。

（4）整体面层的抹平工作应在水泥初凝前完成，压光工作应在水泥终凝前完成。

（5）用于水泥砂浆面层的水泥强度等级要采用普通硅酸盐42.5级并经过检验合格后的水泥。砂应为中粗砂。

（6）面层与下一层应结合牢固，无空鼓、裂纹。

（7）面层表面的坡度应符合设计要求，不得有倒返水和积水现象。

（8）面层表面应洁净，无裂纹、脱皮、麻面、起砂等缺陷。

（9）踢脚线与墙面应紧密结合，高度一致，出墙厚度均匀。

1.4.3 质量标准

项次	项目	允许偏差（mm）	检验方法
1	表面平整度	5	用2m靠尺和楔形塞尺检查
2	踢脚线上口平直	4	用5m线和钢尺检查
3	缝格顺直	3	

1.4.4 成品保护

（1）在面层上进行其他工作时，应避免落物砸坏地面。推小车或刮腻子时,应将小车腿及钢管架子底部等用布包裹,以免划伤地面。

(2)下班后应及时将落地灰处理。当天的灰必须用完,防止凝结。

1.4.5 安全、环保措施

(1)晚上压光使用灯具照明时,应将灯及灯线放在绝缘的地方。

(2)料盘口推料人员应与料盘司机遥相呼应,起落口令要一致。料盘用完后,应及时将安全门关闭。

(3)严禁从窗口或洞口往外抛撒杂物。

(4)整体面层满铺竹胶板或彩条布。

(5)严禁强碱或酸性液体倾洒在地面上,以免污染地面。

(6)采取隔离措施,将不同施工段隔离施工。铺板过程中,在施工区域避免其余工种交叉作业。

2

水泥砂浆
面层
工艺

2.1 施工工艺流程

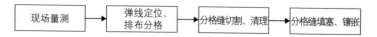

2.2 施工工艺标准图

序号	施工步骤	材料、机具准备	工艺要点	效果展示
1	现场量测		按分格尺寸弹线定位，大面积地面施工应采用分仓跳打。混凝土内宜设防裂钢筋网片，并在分格缝处断开	
2	弹线定位、排布分格	成品分格条、磨光机、切割机、刮尺、木抹、铁抹、钢筋网片、耐候胶、美纹纸等	1）有柱网时按柱中心线分格； 2）沿墙根及柱根四周150～200mm处分格设伸缩缝； 3）伸缩缝间距不大于4m×4m或面积不大于16m²； 4）垫层与面层伸缩缝上下对应； 5）地沟、设备基础等凸出物周边应留设伸缩缝； 6）面层伸缩缝宽度宜为15～20mm，切割时缝宽宜为5～8mm； 7）地面各种变形缝的设置需与结构协调一致，防止地面被拉裂	

装饰装修及屋面施工工艺操作口袋书

序号	施工步骤	材料、机具准备	工艺要点	效果展示
3	分格缝切割、清理	成品分格条、磨光机、切割机、刮尺、木抹、铁抹、钢筋网片、耐候胶、美纹纸等	面层宜采用机械抹压收光，垫层伸缩缝用木尺杆或挤塑板预留。面层伸缩缝采用切割机切割，深度同砂浆或细石混凝土面层厚度	
4	分格缝填塞、镶嵌		分格缝采用耐候胶进行填嵌，嵌填前应清理缝内杂物。打胶前两侧粘贴美纹纸保护，胶厚 5～6mm，胶条或胶距地面面层 1～2mm	

2.3 控制措施

序号	预控项目	产生原因	预控措施
1	地面起砂	1）多次成活； 2）配合比控制不当； 3）压光时间过早； 4）上人过早，破坏面层	1）确保一次成活； 2）严格控制水灰比； 3）垫层施工前要充分湿润；掌握好面层的压光时间； 4）合理安排施工流程，避免上人过早
2	地面空鼓	1）地面浮灰等杂物过多； 2）基层清理不到位； 3）配合比控制不当	1）认真清理表面的浮灰、浆膜以及其他污物，并冲洗干净； 2）基层表面需清洁； 3）严格控制水灰比

序号	预控项目	产生原因	预控措施
3	地面龟裂	1）养护滞后、成品保护措施不到位； 2）未合理分缝	1）及时做好养护工作，做好成品保护措施； 2）对大面积面层进行合理分缝，面层达到一定强度时及时进行切缝

2.4 技术交底

2.4.1 施工准备

1. 材料要求

采用预拌砂浆拌制，强度等级不低于 DS15。

2. 主要机具

成品分格条、磨光机、切割机、刮尺、木抹、铁抹、钢筋网片、耐候胶、美纹纸等。

3. 作业条件

（1）水泥砂浆面层厚度应符合设计要求。

（2）水泥砂浆面层铺设不得留施工缝。当施工间隙超过允许时间规定时，应对接槎处进行处理。

2.4.2 操作工艺

（1）找平层铺设前，应对基层进行检查。应对立管、套管和地漏与基层节点之间的密封处理进行检查。找平层与其下一层结合牢固，不得有空鼓。找平层表面应密实，不得有起砂、蜂窝和裂缝等缺陷。

（2）水泥砂浆面层铺设时，其基层（水泥类）的抗压强度不得小于 1.2MPa，表面应粗糙、洁净、湿润并不得有积水。铺设前应按设计要求刷素水泥浆一道。

（3）水泥砂浆面层施工后，养护时间不应少于7d，抗压强度应达到5MPa后方准上人行走。

（4）水泥砂浆面层的抹平工作应在初凝前完成，压光工作应在终凝前完成。

（5）水泥砂浆面层与下一层应结合牢固，无空鼓、裂纹。

（6）水泥砂浆面层表面的坡度应符合设计要求，不得有倒返水和积水现象。

（7）水泥砂浆面层表面应洁净，无裂纹、脱皮、麻面、起砂等缺陷。

2.4.3 质量标准

项次	项目	允许偏差（mm）	检验方法
1	表面平整度	4	用2m靠尺和楔形塞尺检查
2	踢脚线上口平直	4	用5m线和钢尺检查
3	缝格顺直	3	

2.4.4 成品保护

（1）在面层上操作其他工作时，应避免落物砸坏地面。推小车或刮腻子时，应将小车腿及钢管架子底部等用布包裹，以免划伤地面。

（2）下班后应及时将落地灰处理。当天的灰必须用完，防止凝结。

2.4.5 安全、环保措施

（1）晚上压光使用灯具照明时，应将灯及灯线放在绝缘的地方。

（2）料盘口推料人员应与料盘司机遥相呼应，起落口令要一致。料盘用完后，应及时将安全门关闭。

（3）严禁从窗口或洞口往外抛撒杂物。

（4）整体面层满铺竹胶板和彩条布。

（5）严禁强碱或酸性液体倾洒在地面上，以免污染地面。

（6）采取隔离措施，将不同施工段隔离施工。铺板过程中，在施工区域避免其余工种交叉作业。

3

3

硬化耐磨面层工艺

3.1 施工工艺流程

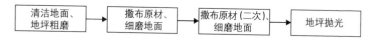

| 清洁地面、地坪粗磨 | → | 撒布原材、细磨地面 | → | 撒布原材(二次)、细磨地面 | → | 地坪抛光 |

3.2 施工工艺标准图

序号	施工步骤	材料、机具准备	工艺要点	效果展示
1	清洁地面、地坪粗磨		1）金属铁磨片研磨完毕使用专业清洁设备，清洁地面； 2）根据地坪硬度选择30号或80号金属磨片，加少量水用地坪研磨机研磨	
2	撒布原材、细磨地面	树脂磨片、撒布机、地坪研磨机、金刚片、刮尺、木抹、铁抹、美纹纸等	1）树脂磨片50号打磨完成后按1：4或1：5的比例进行加水稀释均匀地喷洒于地面。喷洒过硬化剂的地面保持湿润2～3h以上，期间用适当硬度的长毛刷来回推动，以帮助吸收； 2）固化剂渗透2～3h后，要检查地面硬度情况，如硬度不够，用金属铁磨片继续研磨，再上一遍固化剂材料（注意如果地面硬度不够，千万不要用树脂磨片研磨），如硬度较好，用150号树脂磨片研磨，清洁地面，保证地面的清洁干净，下次上料会充分吸收	

序号	施工步骤	材料、机具准备	工艺要点	效果展示
3	撒布原材（二次）、细磨地面	树脂磨片、撒布机、地坪研磨机、金刚片、刮尺、木抹、铁抹、美纹纸等	1）树脂磨片150号打磨完成后，将混凝土密封固化剂1∶4加水稀释，均匀喷洒在地面，保持湿润2h期间用长毛刷来回推动，以帮助吸收； 2）固化剂渗透2h后，用300号树脂磨片交叉研磨。放少量水，以地面不起灰为准。用300号树脂磨片带水横竖交叉研磨，此时目的是把地面清洁干净，让地面更加细腻。注意要点：多放水，机器的转数可调到最高	
4	地坪抛光		1）上光亮剂； 2）依次配用500号、1000号、2000号树脂磨片，分别横竖交叉抛光	

3.3 控制措施

序号	预控项目	产生原因	预控措施
1	地面起砂	1）研磨次数不够； 2）配合比控制不当； 3）压光时间过早； 4）上人过早，破坏面层	1）多次研磨； 2）严格控制水灰比； 3）垫层施工前要充分湿润；掌握好面层的压光时间； 4）合理安排施工流程，避免上人过早

序号	预控项目	产生原因	预控措施
2	地面空鼓	1）地面浮灰等杂物过多； 2）基层清理不到位	1）认真清理表面的浮灰、浆膜以及其他污物，并冲洗干净； 2）基层表面需清洁
3	地面龟裂	养护滞后、成品保护措施不到位	及时做好养护工作，做好成品保护措施

3.4 技术交底

3.4.1 施工准备

1. 材料要求

硬化耐磨材料、地面硬化剂、聚合物乳液类混凝土养护剂等。

2. 主要机具

电动抹光机、5m 刮尺、镘刀、质量检测尺、弧光灯、大型切割机、配电箱、铁桶等。

3. 作业条件

（1）混凝土强度等级达到 C25 以上。

（2）水灰比不高于 1：2。

（3）混凝土骨料最大直径 30mm，细石混凝土最大直径 10mm。

（4）现场搅拌混凝土坍落度应控制在 75 ~ 100mm，泵送混凝土应控制在 125 ~ 185mm。

（5）使用硬化剂地面材料的混凝土地台，混凝土一次性浇筑至设计标高。

3.4.2 操作工艺

（1）已做水平的混凝土基面去除泌水、浮浆。

（2）将设计用量的硬化剂地面材料60%均匀撒布在初凝的混凝土表面，完成第一次撒布作业。

（3）待硬化剂吸收一定水分变暗后，进行机械圆盘和机械镘抹作业，然后用长度大于模板宽度的铝合金型材进行刮平，同时用水平仪检测平整度。

（4）紧接第一次抹平后，进行第二次材料撒布作业40%。为保证材料撒布均匀，施工人员应注意纵横交错撒料（例：第一次撒料横撒，第二次撒料纵撒）。

（5）待撒布均匀后，再进行一遍与第一次相同的抹平工作，然后再用专用平整度检测仪器进行地坪平整度确认。

（6）使用机械镘抹或手工镘抹，完成表面抹光作业。

（7）混凝土地台完成后，为防止其表面水分迅速蒸发，确保耐磨材料强度的稳定增长，应在地台完成24h内用水或专用养护剂进行养护，养护方式采用浸水式或养护剂，如采用浸水式养护，应先把楼梯口等出入口地台用掺有专用防漏剂的水泥砂浆进行围拢，然后加约1.5cm深度的水进行浸水养护。

3.4.3 质量标准

项次	项目	允许偏差（mm）	检验方法
1	表面平整度	4	用2m靠尺和楔形塞尺检查
2	踢脚线上口平直	4	用5m线和钢尺检查
3	缝格顺直	3	

3.4.4 成品保护

（1）在面层上操作其他工作时，应避免落物砸坏地面。推小车或刮腻子时，应将小车腿及钢管架子底部等用布包裹，以免划伤地面。

（2）下班后应及时将落地灰处理。当天的灰必须用完，防止凝结。

3.4.5 安全、环保措施

（1）晚上压光使用灯具照明时，应将灯及灯线放在绝缘的地方。

（2）料盘口推料人员应与料盘司机遥相呼应，起落口令要一致。料盘用完后，应及时将安全门关闭。

（3）严禁从窗口或洞口往外抛撒杂物。

（4）整体面层满铺竹胶板和彩条布。

（5）严禁强碱或酸性液体倾洒在地面上，以免污染地面。

（6）采取隔离措施，将不同施工段隔离施工。铺板过程中，在施工区域避免其余工种交叉作业。

4

④

4 一般抹灰施工工艺

4.1 施工工艺流程

施工准备 → 砂浆验收 → 砂浆搅拌 → 抹灰施工 → 抹灰养护 → 抹灰质量验收

4.2 施工工艺标准图

序号	施工步骤	材料、机具准备	工艺要点	效果展示
1	施工准备	靠尺、卷尺、阴阳角尺、测距仪、喷（甩）浆工具、砂浆罐等	1）技术准备：已进行技术交底，标高、轴线等已进行技术复核。 2）主要施工机具准备到位。 3）完成墙体模板皮、夹渣、灰尘等基层清理。 4）完成墙体螺杆洞封堵，特别是涉水部位的螺杆洞封堵。 5）完成不同基体材料交界处和开槽等部分挂网防裂措施验收。 6）完成基层喷（甩）浆质量验收。 7）完成灰饼（冲筋）的开间进深、垂直度验收；完成门窗洞口尺寸和护角验收。 8）提前对墙体进行润湿	
2	砂浆验收		1）严格按照图纸设计配比或强度要求进行配比掺拌。 2）不定期去干粉砂浆厂家检查原材料、配比下料及自控情况。 3）检查干粉砂浆出厂合格证	

序号	施工步骤	材料、机具准备	工艺要点	效果展示
3	砂浆搅拌		根据砂浆配比，严格控制现场搅拌时用水量和搅拌时间	
4	底基层抹灰		抹掺水重10%的107胶粘剂的水泥浆一道，紧接着抹一层薄水泥砂浆或混合砂浆，抹灰用力压实使砂浆挤入细小缝隙内。每遍厚度控制在5~7mm。然后用大杠刮平整、找直，用木抹子搓毛	
5	罩面抹灰	靠尺、卷尺、阴阳角尺、测距仪、喷（甩）浆工具、砂浆罐等	1）罩面灰应在底灰六七成干时开始抹罩面灰，罩面灰两遍成活，每遍厚度约4mm，操作时先刮一层薄灰，随即抹平。 2）按先上后下的顺序进行，然后赶实压光，压光时不可出现水纹，也不可压活，压好后随即用毛刷蘸水，将罩面灰污染处清理干净。 3）若底层为毛面，应确保毛面纹理整齐均匀	
6	外墙抹灰		1）根据不同的基体，抹底层灰前可刷一道胶粘性水泥浆，然后抹1∶3水泥砂浆（加气混凝土墙底层应抹1∶6水泥砂浆），每层厚度控制在5~7mm为宜。木抹子搓毛，每层抹灰不宜跟得太紧，以防收缩影响质量。	

4　一般抹灰施工工艺

序号	施工步骤	材料、机具准备	工艺要点	效果展示
6	外墙抹灰	靠尺、卷尺、阴阳角尺、测距仪、喷（甩）浆工具、砂浆罐等	2）弹线分格、嵌分格条：大面积抹灰应分格，防止砂浆收缩，造成开裂。根据要求弹线分格、粘分格条。粘分格条时在条两侧用素水泥浆抹成45°八字坡形。粘分格条时注意竖向应粘在所弹立线的同一侧，防止左右乱粘，出现分格不均匀。 3）待底灰呈七八成干时开始抹面层灰，将底灰墙面浇水均匀湿润，先刮一层薄素水泥浆，随即抹罩面灰与分格条齐平，并用木杠横竖刮平，木抹子搓毛，铁抹子溜光、压实。 4）抹滴水线：在抹檐口、窗台、窗楣、阳台、雨篷、压顶和凸出墙面的腰线以及装饰凸线时，应将其上面做成向外的流水坡度，严禁出现倒坡。下面做滴水线（槽）。窗台上面的抹灰层应深入窗框下坎裁口内，堵塞密实，流水坡度及滴水线（槽）距外表面不小于40mm。滴水线深度和宽度一般不小于10mm，并应保证其流水坡度方向正确	

序号	施工步骤	材料、机具准备	工艺要点	效果展示
7	抹灰养护	靠尺、卷尺、阴阳角尺、测距仪、喷（甩）浆工具、砂浆罐等	1）抹灰完成后，应加强养护，防止抹灰层干燥过快产生龟裂，养护应在抹灰层表面已硬化时开始，一般在抹灰完 2～3d 后进行，养护时间不少于 5d，尤其应重视门窗洞口周围、顶棚及阳光直射部位的养护。 2）如遇突然大幅度降温，应及时封闭门窗，必要时在房间内采取加热取暖方式进行抹灰养护	
8	抹灰质量验收		1）抹灰完成后应再次及时对抹灰工程开间进深、平整度、垂直度、阴阳角、房间方正度、门窗洞口尺寸等项目进行实测实量，数据上墙并做好相应台账分析。 2）抹灰完成一定时间后及时跟踪检查抹灰工程空鼓、开裂情况，墙面做好标记。 3）从抹、看等角度检查抹灰工程观看质量。 4）应对门边等阳角部位设置护角，防止损害	

4.3 控制措施

序号	预控项目		产生原因	预控措施
1	尺寸偏差	开间进深偏差	墙体控制线偏差；灰饼（冲筋）偏差；未按照灰饼控制抹灰层厚度	根据图纸认真校核控制线；根据控制线，借助红外线，严格控制灰饼精确度；抹灰时必须按照灰饼控制抹灰面
		垂直度偏差	灰饼（冲筋）垂直度不合格；未按照灰饼（冲筋）控制抹灰层厚度；顶板阴角、地面阴角部位墙体抹灰控制不到位	根据控制线，借助红外线，严格控制灰饼垂直精确度；抹灰时必须按照灰饼控制抹灰面；顶板阴角、地面阴角部位墙体抹灰必须用刮尺刮到位，同时增加一遍墙下角抹灰压抹变数
		平整度偏差	灰饼（冲筋）平整度不合格；未按照灰饼（冲筋）控制抹灰层厚度；顶板阴角、地面阴角部位墙体抹灰控制不到位	根据控制线，借助红外线，严格控制灰饼垂直精确度；抹灰时必须按照灰饼控制抹灰面；顶板阴角、地面阴角部位墙体抹灰必须用刮尺刮到位，同时增加一遍墙下角抹灰压抹遍数
		阴阳角偏差	阴阳角刮抹不到位	制作专门阴阳角刮尺施工
		方正度偏差	控制线偏差；灰饼（冲筋）偏差；未按照灰饼（冲筋）控制抹灰层厚度	根据图纸认真校核控制线；根据控制线，借助红外线，严格控制灰饼精确度；抹灰时必须按照灰饼控制抹灰面
		门窗洞口尺寸偏差	门窗洞口护角尺寸偏差	根据图纸和抹灰层厚度，计算出抹灰完成后洞口尺寸，严格按洞口尺寸施工

序号	预控项目		产生原因	预控措施
2	空鼓		基层板皮、灰尘等清理不干净;喷(甩)浆颗粒大小、粘结强度、密度等不合格;一次性抹灰厚度较厚;养护不到位	基层必须按规范清理干净;严格控制刷浆骨料粒径大小、浆料配比、喷射密度及养护;根据抹灰层厚度,合理设置分层施工;根据具体气温及时做好保湿或保温养护
3	开裂		一次性抹灰厚度较厚;表面压抹不到位;砂浆配比误差;线槽管洞、墙体顶端塞缝等不密实;防开裂网设置不到位	根据抹灰层厚度,合理设置分层施工;严格按照图纸要求控制砂浆配比;线槽管洞、墙体顶端塞缝必须密实,防开裂网铺设到位,做好隐蔽验收。面层防开裂网敷设深度控制合理
4	观感	砂眼	原材料细骨料粒径相差较大;抹压揉搓不到位	严格控制原材料细骨料粒径大小;合理控制抹压遍数,确保无砂眼外露
		刀痕	抹压遍数不足	增加抹压遍数,消除所有刀痕
		防开裂网外露	防开裂网固定不牢;抹灰层厚度不足	增设粘结钉,确保防开裂网固定牢固;影响抹灰层厚度基层应提前处理到位
		拉毛不均匀	拉毛工具选择不当;拉毛太随意	选用专门拉毛工具,拉毛时必须横平竖直

4.4 技术交底

4.4.1 施工准备

1. 材料准备

(1)严格按照图纸设计配比或强度要求进行配比掺拌。

（2）不定期去干粉砂浆厂家检查原材料、配比下料及自控情况。

（3）检查干粉砂浆出厂合格证。

（4）耐碱网格布、界面砂浆、预拌砂浆、专用界面剂。

（5）钢丝网应选用 0.7mm 厚孔径 15mm×15mm 的钢板网，并应达到产品的使用质量要求。

（6）水泥钉选用规格 3mm×35mm，必须符合质量要求。

2. 主要机具

（1）干粉砂浆搅拌机应安放在指定位置，水源及排水通畅。运输工具必须符合施工要求，应密封性能良好。

（2）手推车、大平锹、小平锹，除抹灰一般常用的工具外，还应备有软毛刷、钢丝刷、筷子笔、粉线包、喷壶、小水壶、水桶、水管、分格条、锤子、錾子等，刮尺长度要求以 2～2.5m 为宜，尺杆、木抹应平直等。

3. 作业条件

（1）结构工程已完成，并经验收合格。按要求挂网施工完成并经验收合格。

（2）抹灰前应检查门窗框的位置是否正确，与墙体连接是否牢靠，埋设的接线盒、电箱、管线、管道是否固定牢靠。防水已处理完好。

（3）线管开槽处理：在安装线管时，在线管两边用钢钉固定在墙体上，固定间距以 500～800mm 为宜，并进行钢丝网加强处理；宽度较小的线槽采用 1：2 水泥砂浆进行修补，严格分层抹灰，抹灰完成面比墙面凹进 2～3mm；宽度较大线管相对集中的线槽，应控制线管净距在 10mm 以上，采用不低于 C20 细石混凝土进行修补，浇捣细石混凝土一定要保证混凝土灌筑顺利和振捣密实。浇捣后要进行洒水养护，养护时间不少于 2d。

（4）砖墙砌块若有缺棱掉角的情况，需分层修补，做法是：先用水润湿基体表面，刷掺水泥10%的108胶水泥浆一道，紧接着抹1∶3水泥砂浆，每遍厚度应控制在7～9mm；柱、过梁等凸出墙面的混凝土剔平，凹处提前刷净，再用1∶2.5水泥砂浆分层补平。

（5）穿墙螺栓孔洞处理：结构施工过程中，模板工程穿墙螺栓套管孔洞，这些套管孔洞的存在给工程带来诸多不利因素：外墙套管孔洞会造成外墙渗水的隐患；内墙孔洞影响墙体的隔声效果；因此不同的部位应采取不同的措施进行封堵，确保将质量隐患降到最低。要求现场施工人员根据不同部位的封堵要求组织实施。孔洞内的封堵材料应饱满密实，质量达标。

（6）室外大面积抹灰开始前应对建筑整体进行表面垂直度和水平度检测并做好灰饼；室内大面积抹灰前应先做样板及样板间，墙面进行套方、做灰饼或冲筋，门窗角做好护角。经鉴定合格，并确定施工方法后，再组织施工。

（7）施工时使用的架子应准备好。室外架子要离开墙面及墙角200～250mm，以方便操作。

（8）砖墙、混凝土墙基体表面的灰尘、污垢和油渍等，应清理干净，并洒水湿润。

4.4.2 操作工艺

1. 工艺流程

（1）内墙抹灰工艺流程：

基体处理→挂加强网→吊直、套方、贴灰饼、设标筋→界面处理→做护角→弹灰层控制线→抹底灰→抹面灰→养护。

（2）外墙抹灰工艺流程：

基体处理→挂加强网→挂线、贴灰饼、设标筋→界面处理→弹灰层控制线抹底灰→弹分格缝位置→粘分格条→抹面层→起条、勾缝→养护。

2. 施工要点

（1）在墙体砌筑完成 21d 以后或斜砖顶砌完成 14d 后，才能开始抹灰。

（2）采用干粉砂浆时，抹灰层的平均总厚度不宜大于 20mm。采用预拌或现场拌制砂浆时，抹灰层的平均总厚度不宜大于下列数值：内墙普通抹灰 20mm，内墙高级抹灰 25mm，外墙勒脚及凸出墙面部分 30mm。

（3）抹灰应分层进行，抹底灰时用软刮尺刮抹顺平，用木抹子搓平搓毛。采用干粉砂浆时，砂浆每遍抹灰厚度宜为 5～10mm。采用预拌或现场拌制砂浆时，水泥砂浆每遍抹灰厚度宜为 5～7mm，水泥混合砂浆每遍抹灰厚度宜为 7～9mm，且应待前一层砂浆终凝后方可抹后一层砂浆。

（4）水泥砂浆不得抹在混合砂浆层上，强度等级高的砂浆不应抹在比其强度低的砂浆层上。

（5）严禁用干水泥收干抹灰砂浆。抹灰层厚度最少不应小于 7mm。必须使用机械搅拌抹灰砂浆，禁止人工拌合抹灰砂浆。

3. 基层处理

（1）抹灰前应认真清除混凝土墙体基层上的浮浆、脱模剂、油污及模板残留物，并切除外露的钢筋头、剔凿凸出部分的混凝土块保证抹灰厚度；砌体墙面清扫灰尘，清除墙面浮浆、凸出的砂浆块。油污可用 10% 的 NaOH 溶液清洗，清除后用清水冲刷干净。

（2）脚手架孔和其他预留洞口边及不用的洞，在抹灰前用加掺量 8% 的膨胀剂的混凝土填实抹平，包括脚手架孔洞。

（3）准备抹灰的墙面，应提前 1 ~ 2d 洒水湿润，并浇水湿透，抹灰前需要湿润墙面时，用喷雾器喷水湿润砌体表面，让基层吸水均匀，蒸压加气混凝土砌体表面湿润深度宜为 10 ~ 15mm，其含水率不宜超过 20%；普通混凝土小型空心砌体和轻骨料混凝土小型砌体含水率宜控制在 5% ~ 8%。不得直接用水管淋水。

（4）在基层上刷涂界面剂或喷（甩）涂聚合物水泥砂浆时用掺水泥 15% ~ 20% 的 108 胶拉毛面，厚度控制在 2 ~ 4mm，表面成麻点、密实、无气孔，待收水后即可进行洒水养护，保持潮湿 4 ~ 5d 后方可进行抹灰，用手掰不动为好。喷（甩）浆拉毛面积不小于基层表面积的 95%。同时加强喷（甩）浆拉毛质量检查验收。

（5）若基层混凝土表面很光滑，将光滑的表面清扫干净，用 10%NaOH 水溶液除去混凝土表面的油污后，将碱液冲洗干净晾干再进行喷（甩）浆拉毛处理。

4. 挂网

（1）楼梯间和人流通道的填充墙，墙体拉筋应沿墙全长贯通，墙面应采用钢丝网砂浆面层加强。

（2）不同材料基体结合处、暗埋管线孔槽基体上、抹灰总厚 ≥ 35mm 的找平层应挂加强网；加气混凝土砌块与柱、梁等不同材料相接的界面，墙面上开孔、剔槽的填补，墙体易于开裂的薄弱部位（如窗口上下 45° 角），经常受磕碰易于损坏的（如墙的阳角）部位等需加设耐碱玻纤网格布，每边 200mm 宽。

5. 吊垂直、套方、抹灰饼、冲筋

（1）吊垂直：分别在门窗口角、垛、墙面等处吊垂直，横线则以楼层为水平基线或 +100cm 标高线控制，然后套方抹灰饼，并以灰饼为基准冲筋。

（2）套方：每套房同层内必须设置一条方正控制基准线，尽量通长设置，降低引测误差，且同一套房同层内的各房间，必须采用此方正控制基准线，然后以此为基准，引测至各房间；距墙体30～60cm 范围内弹出方正度控制线，并做明显标识和保护。

（3）抹灰饼、冲筋：灰饼宜做成 5cm 见方，两灰饼距离不大于 1.5m，必须保证抹灰时刮尺能同时刮到两个以上灰饼。操作时应先抹上灰饼，再抹下灰饼。抹灰饼时应根据室内抹灰要求确定灰饼的正确位置，再用靠尺板找好垂直与平整。当灰饼砂浆达到七成干时，即可用与抹灰层相同砂浆冲筋，冲筋根数应根据房间的宽度和高度确定，一般标筋宽度为 5cm。两筋间距不大于 1.5m。当墙面高度小于 3.5m 时宜做立筋。大于 3.5m 时宜做横筋，做横向冲筋时灰饼的间距不宜大于 2m。

6. 抹底层灰

（1）一般情况下从冲筋完成 2h 左右开始抹底灰为宜，抹界面剂或掺水 10% 的 108 胶粘剂的水泥浆一道，紧接着抹一层薄水泥砂浆或混合砂浆，抹灰用力压实使砂浆挤入细小缝隙内。每遍厚度控制在 5～7mm，待前一层六七成干时，再分层抹灰至与冲筋平。然后用大杠刮平整、找直，用木抹子搓毛。然后全面检查底子灰是否平整，阴阳角是否方直、整洁，管道后与阴角交界处、墙顶板交界处是否平整、顺直，并用托线板检查墙面垂直与平整情况。

（2）修抹预留孔洞、配电箱、槽、盒：当底灰抹平后，要随即由专人把预留孔洞、配电箱、槽、盒周边 5cm 宽的砂浆刮掉，并清除干净，用大毛刷蘸水沿周边刷水湿润，然后用 1∶1∶4 水泥混合砂浆，把洞口、箱、槽、盒周边压抹平整、光滑。

7. 弹分格线、粘分格条

底层砂浆抹好后，按定位图纸弹出分格线位置，应依次粘分格条。

8. 抹面层砂浆

底层砂浆抹好后第二天即可抹面层砂浆。面层砂浆抹灰厚度控制在 5 ~ 8mm。如砌体表面干燥，需先洒水湿润，刷素水泥浆一道，紧接着抹罩面灰，刮平（与分格条或灰饼面平）并用木抹子搓毛，面层砂浆表面收水后用铁抹子压实赶光。为避免和减少抹灰层砂浆空鼓、收缩裂缝，面层不宜过分压光，建议以表面不粗糙、无明显小凹坑、砂头不外露为准。

9. 施工顺序及滴水线槽

1）抹灰应从上往下打底，底层砂浆抹完后，再从上往下抹面层砂浆（前一天打底，第二天罩面为宜）。应注意在抹面层以前，先检查底层砂浆有无空裂现象，如有空裂应剔凿返修后再抹面层灰；另外注意应先清理底层砂浆上的尘土、污垢并浇水湿润后，方可进行面层抹灰。

2）滴水线（槽）

（1）女儿墙压顶排水坡向屋面一侧，排水坡度不小于 5%，压顶内侧下端作滴水处理。

（2）门窗上楣的外口应做滴水线；外窗台设置外排水坡度不小于 5%。未注明的雨篷设置外排水坡度不小于 1%，外口下沿做滴水线。

（3）外凸装饰线、外挑板等部位上口设置不小于 2% 且坡向外端的排水坡度，墙根部用防水砂浆做成圆角；下口应做成滴水线（槽），滴水线（槽）应整齐顺直，滴水槽宽度和深度不应小于 10mm，滴水线始终点应设断水口，断水口离墙边 20mm，阳台下沿应做滴水线。

3）抹灰分格缝设置

（1）外墙分格条采用黑色PVC成品分格条，规格为20mm宽、15mm深。

（2）外墙抹灰分格缝设置按层高构件分层布置，每层设置一道分格缝，分格缝标高为该层结构标高 + 0.200mm。

10. 养护

水泥砂浆抹灰面层初凝后应适时喷水养护，养护时间不少于5d。如遇特殊寒冷天气，应在房间内采取生火等方式进行保温养护；外墙覆盖或遮挡进行保温养护。

4.4.3 质量标准

1. 质量控制要点和通病预防

（1）抹灰前，对管线的预留预埋进行全面检查，以免漏掉。预防后期再次切割抹灰层埋设。

（2）钢丝网铺钉检查，钢丝网是否平整，钉子间距是否符合要求，自检合格后，请监理单位进行隐蔽检查验收。预防抹灰层钢丝网外露。

（3）灰饼的垂直度，平整度的检查。预防抹灰面垂直度和平整度不合格。

（4）抹灰所用的水泥、砂、预拌砂浆、界面剂、保温砂浆质量符合设计要求。

（5）抹灰层之间与基体之间内必须粘结牢固，无脱层、空鼓和裂纹等缺陷。预防抹灰空鼓裂缝。

（6）表面洁净，颜色一致，线角顺直，清晰，接槎平整。预防观感质量不好。

（7）抹灰砂浆必须具有良好的和易性，并且有一定的粘结强度、抹灰砂浆稠度。

2. 主控项目

（1）抹灰前基层表面的尘土、污垢、油渍等应清除干净，并应洒水润湿。

（2）一般抹灰材料的品种和性能应符合设计要求。水泥凝结时间和安定性应合格。砂浆的配合比应符合设计要求。

（3）抹灰层与基层之间的各抹灰层之间必须粘结牢固，抹灰层无脱层、空鼓，面层应无爆灰和裂缝。

（4）抹灰工程应分层进行。当抹灰总厚度大于或等于 35mm 时，应采取加强措施。不同材料基体交界处表面的抹灰，应采取防止开裂的加强措施，当采用加强网时，加强网与各基体的搭接宽度不应小于 100mm。

3. 一般项目

一般抹灰工程的表面质量应符合下列规定：

（1）普通抹灰表面应光滑、洁净，接槎平整，分格缝应清晰。

（2）高级抹灰表面应光滑、洁净，颜色均匀、无抹纹，分格缝和灰线应清晰美观。

（3）护角、孔洞、槽、盒周围的抹灰应整齐、光滑，管道后面抹灰表面平整。

（4）抹灰总厚度应符合设计要求，水泥砂浆不得抹在石灰砂浆层上，罩面石膏灰不得抹在水泥砂浆层上。

（5）一般抹灰工程质量的允许偏差应符合施工验收规范规定。

项次	项目	允许偏差（mm）		检验方法
		普通抹灰	高级抹灰	
1	立面垂直度	4	3	用 2m 垂直检测尺检查
2	表面平整度	4	3	用 2m 靠尺和塞尺检查
3	阴阳角方正	4	3	用直角检测尺检查
4	分格条（缝）直线度	4	3	拉 5m 线，不足 5m 拉通线，用钢直尺检查
5	墙裙、勒脚上口直线度	4	3	拉 5m 线，不足 5m 拉通线，用钢直尺检查

立面总高度垂直度允许偏差：单层每层框架或每层大模为 $H/1000$，且不大于 20mm，高层框架，高层大模为 $H/1000$，且不大于 30mm，用经纬仪、吊线和尺量检查。H 为整体高度。

4.4.4 成品保护

（1）抹灰前，对易碰坏的管线、设备、门框等要采取覆盖等保护措施。

（2）抹灰层凝结硬化前避免水冲、撞击、振动和挤压。

（3）门窗套及护角做完后，及时将门窗框上的水泥砂浆用水冲刷干净。

（4）严禁在施工完成楼地面上拌制砂浆以及直接在楼地面上堆放砂浆。

（5）各机电安装预埋件、穿墙管必须在抹灰前预埋好，避免漏埋和错位，严禁随意在抹灰的墙面上开洞。

（6）提前将预埋线盒、管洞等填充保护，避免抹灰过程中砂浆流入或堵塞。

（7）搬运物料和拆除脚手架时轻抬轻放，不要撞坏门窗、墙面和护角。机械经常走动部位的阳角安装阳角保护装置。

（8）抹灰施工时对地漏、雨水口等部位做临时封堵，避免灌入砂浆、石子。

4.4.5 安全、环保措施

1. 安全措施

（1）室内抹灰采用高凳上铺脚手板时，宽度不得少于两块（50cm）脚手板，间距不得大于 2m，移动高凳时上面不得站人，作业人员最多不得超过 2 人。高度超过 2m 时，应由架子工搭设脚手架。

（2）作业过程中遇有脚手架与建筑物之间拉接，未经施工负责人同意，严禁拆除。必要时由架子工负责采用加固措施后，方可拆除。

（3）外用电梯垂直运输材料时，卸料平台通道的两侧边安全防护必须齐全、牢固，吊盘（笼）内小推车必须加挡车掩，不得向井内探头张望。

（4）在高空作业时，必须系好安全带。

（5）清理现场时，严禁将垃圾杂物从窗口、洞口等处采用抛撒运输方式，以防造成粉尘污染及垃圾落下砸伤施工人员。

（6）遇有恶劣气候（如风力在六级以上），影响安全施工时，禁止高空作业。

（7）高空作业衣着要轻便，禁止穿硬底鞋和带钉易滑鞋上班。

（8）施工现场的脚手架、防护设施、安全标志和警告牌，不得擅自拆动，需拆动应经施工负责人同意，并由专业人员加固后拆动。

（9）需乘人的外用电梯、吊笼应有可靠的安全装置，禁止人员随同运料吊篮、吊盘上下。

（10）对安全帽、安全网、安全带要定期检查，不符合要求的禁止使用。

2. 环保措施

（1）抹灰用照明灯具必须采用带安全罩的工作灯，严禁使用碘钨灯和未接配电箱配制的工作灯。

（2）严禁从楼层上往下倒建筑垃圾，应用灰盆吊到地面集中堆放，然后集中运输至弃土场倾倒。

（3）保持施工现场地面平整、清洁，道路运输畅通，主要通道保证施工人员可无障碍地抵达作业面；保证照明充足，无长流水，长照明灯提示路障。施工现场保持工完场清。

5

保温层薄抹灰施工工艺

5.1 施工工艺流程

施工准备 → 砂浆验收 → 砂浆搅拌 → 薄抹灰施工 → 抹灰养护 → 抹灰质量验收

5.2 施工工艺标准图

序号	施工步骤	材料、机具准备	工艺要点	效果展示
1	施工准备	靠尺、卷尺、阴阳角尺、测距仪、喷（甩）浆工具、砂浆罐等	1）技术准备：已进行技术交底，标高、轴线等已进行技术复核。 2）主要施工机具准备到位。 3）完成保温层平整度、垂直度、洞口周边、保温钉等保温板基层验收	
2	砂浆验收		1）严格按照图纸设计要求采购抗裂砂浆。 2）进场查验材料质保资料	
3	砂浆搅拌		根据砂浆配比，严格控制现场搅拌时用水量和搅拌时间	

序号	施工步骤	材料、机具准备	工艺要点	效果展示
4	薄抹灰施工		1）大面粘贴网格布时，应先在粘贴好的保温层上刮一层配制好的抗裂砂浆。 2）根据设计要求薄抹灰厚度分多次抹灰	
5	抹灰养护	靠尺、卷尺、阴阳角尺、测距仪、喷（甩）浆工具、砂浆罐等	1）抹灰完成后，应加强养护，防止抹灰层干燥过快产生龟裂，养护应在抹灰层表面已硬化时开始，一般在抹完 2～3d 后进行，养护时间不少于 5d，尤其应重视门窗洞口周围、顶棚及阳光直射部位的养护。 2）如遇突然大幅度降温，应及时封闭门窗，必要时房间内采取加热取暖方式进行抹灰养护	
6	抹灰质量验收		1）抹灰完成后应再次及时对抹灰工程平整度、垂直度、阴阳角等项目进行实测实量，数据上墙并做好相应台账分析。 2）抹灰完成一定时间后及时跟踪检查薄抹灰工程开裂情况，墙面做好标记。 3）从抹、看等角度检查薄抹灰工程观看质量	

5.3 控制措施

序号	预控项目		产生原因	预控措施
1	尺寸偏差	垂直度偏差	灰饼垂直度不合格；未按照灰饼控制抹灰层厚度	严格控制灰饼垂直精确度；抹灰时必须按照灰饼控制抹灰面
		平整度偏差	灰饼平整度不合格；未按照灰饼控制抹灰层厚度	严格控制灰饼平整精确度；抹灰时必须按照灰饼控制抹灰面
		阴阳角偏差	阴阳角掉线及护角不合格；阴阳角刮抹不到位	阴阳角必须挂通线做护角，严格控制允许偏差；制作专门阴阳角刮尺施工
2	开裂		防开裂网设置不到位；养护不到位	按设计要求设置防开裂网格布或钢丝网；抹灰完成后应及时进行养护，并确保养护的时长
3	观感	刀痕	抹压遍数不足	增加抹压遍数，消除所有刀痕
		防开裂网外露	防开裂网固定不牢；抹灰层厚度不足	增设粘结钉，确保防开裂网固定牢固；影响抹灰层厚度基层应提前处理到位

5.4 技术交底

5.4.1 施工准备

1. 材料准备

（1）严格按照图纸设计要求进行材料采购和现场拌制。

（2）检查抗裂砂浆出厂合格证。

（3）耐碱网格布、阴阳角条等。

2. 主要机具

（1）选用专用电动搅拌工具搅拌抗裂砂浆。

（2）手推车、大平锹、小平锹，除抹灰一般常用的工具外，还应备有软毛刷、钢丝刷、筷子笔、粉线包、喷壶、小水壶、水桶、水管、分格条、锤子、錾子等，刮尺长度要求以 2～2.5m 为宜，尺杆、木抹应平直等。

3. 作业条件

（1）保温施工已完成，并经基层验收合格。

（2）灰饼、阴阳角护角等已施工完毕，并经验收合格。

（3）施工时使用的架子应准备好。室外架子要离开墙面及墙角 200～250mm，以方便操作。

5.4.2 操作工艺

1. 工艺流程

基层处理→吊垂直、抹灰饼、做护角→挂网、抹灰→养护。

2. 基层处理

薄抹灰前应认真清除保温层上的浮浆、灰尘等。

3. 吊垂直、抹灰饼

（1）吊垂直：分别在窗口角、垛、墙面等处吊垂直，做护角。

（2）抹灰饼、护角：灰饼宜做成 5cm 见方，两灰饼距离不大于 1.5m，必须保证抹灰时刮尺能同时刮到两个以上灰饼。

4. 薄抹灰

（1）按设计要求合理控制保温层薄抹灰厚度和遍数，每层厚度控制在 1～2mm 为宜。

（2）根据设计的开裂措施要求压入纤维网格布，防止抹灰层开裂。

（3）根据已完成的灰饼和护角控制表面垂直度、平整度、顺直度。

5. 养护

薄抹灰面层初凝后应适时喷水养护，养护时间不少于 5d。如遇特殊寒冷天气，应在房间内采取生火等方式进行保温养护；外墙覆盖或遮挡进行保温养护。

5.4.3 质量标准

1. 质量控制要点和通病预防

（1）灰饼的垂直度，平整度的检查。预防抹灰面垂直度和平整度不合格。

（2）抹灰所用的网格布、阴阳角条、砂浆等质量符合设计要求。

（3）表面洁净，颜色一致，线角顺直，清晰，接槎平整。

2. 主控项目

（1）保温层薄抹灰所用材料的品种和性能应符合设计要求及国家现行标准的有关规定。

（2）基层质量应符合设计和施工方案的要求。基层表面的尘土、污垢和油渍等应清除干净。基层含水率应满足施工工艺的要求。

（3）保温层薄抹灰及其加强处理应符合设计要求和国家现行标准的有关规定。

（4）抹灰层与基层之间及各抹灰层之间应粘结牢固，抹灰层应无脱落和空鼓，面层应无爆灰和裂缝。

3. 一般项目

（1）保温层薄抹灰表面应光滑、洁净、颜色均匀、无抹纹，分格缝和灰线应清晰美观。

（2）护角、孔洞、槽、盒周围的抹灰表面应整齐、光滑；管道后面的抹灰表面应平整。

（3）保温层薄抹灰层的总厚度应符合设计要求。

（4）保温层薄抹灰分格缝的设置应符合设计要求，宽度和深度应均匀，表面应光滑，棱角应整齐。

（5）有排水要求的部位应做滴水线（槽）。滴水线（槽）应整齐顺直，滴水线应内高外低，滴水槽宽度和深度均不应小于10mm。

（6）保温层薄抹灰工程质量的允许偏差和检验方法应符合下表要求。

项次	项目	允许偏差（mm）	检验方法
1	立面垂直度	3	用2m垂直检测尺检查
2	表面平整度	3	用2m靠尺和塞尺检查
3	阴阳角方正	3	用200mm直角检测尺检查
4	分格条（缝）直线度	3	拉5m线，不足5m拉通线，用钢直尺检查

5.4.4 成品保护

（1）抹灰前，对易碰坏的管线、设备、门窗框等，要采取覆盖等保护措施。

（2）抹灰层凝结硬化前避免水冲、撞击、振动和挤压。

（3）门窗套及护角做完后，及时将门窗框上的水泥砂浆用水冲刷干净。

（4）严禁在施工完成楼地面上拌制砂浆。

（5）提前将预埋线盒、管洞等填充保护，避免抹灰过程中砂浆流入或堵塞。

（6）搬运物料和拆除脚手架时轻抬轻放，不要撞坏门窗、墙面和护角。机械经常走动部位的阳角安装阳角保护装置。

（7）抹灰施工时对地漏、雨水口等部位做临时封堵，避免灌入砂浆、石子。

5.4.5 安全、环保措施

1. 安全措施

（1）室内抹灰采用高凳上铺脚手板时，宽度不得少于两块（50cm）脚手板，间距不得大于2m，移动高凳时上面不得站人，作业人员最多不得超过2人。高度超过2m时，应由架子工搭设脚手架。

（2）作业过程中遇有脚手架与建筑物之间拉接，未经施工负责人同意，严禁拆除。必要时由架子工负责采用加固措施后，方可拆除。

（3）外用电梯垂直运输材料时，卸料平台通道的两侧边安全防护必须齐全、牢固，吊盘（笼）内小推车必须加挡车掩，不得向井内探头张望。

（4）在高空作业时，必须系好安全带。

（5）清理现场时，严禁将垃圾杂物从窗口、洞口等处采用抛撒运输方式，以防造成粉尘污染及垃圾落下砸伤施工人员。

（6）遇有恶劣气候（如风力在六级以上），影响安全施工时，禁止高空作业。

（7）高空作业衣着要轻便，禁止穿硬底鞋和带钉易滑鞋上班。

（8）施工现场的脚手架、防护设施、安全标志和警告牌，不得擅自拆动，需拆动应经施工负责人同意，并由专业人员加固后拆动。

（9）需乘人的外用电梯、吊笼应有可靠的安全装置，禁止人员随同运料吊篮、吊盘上下。

（10）对安全帽、安全网、安全带要定期检查，不符合要求的禁止使用。

2. 环保措施

（1）抹灰用照明灯具必须采用带安全罩的工作灯，严禁使用碘钨灯和未接配电箱配制的工作灯。

（2）严禁从楼层上往下倒建筑垃圾，应用灰盆吊到地面集中堆放，然后集中运输至弃土场倾倒。

（3）保持施工现场地面平整、清洁，道路运输畅通，主要通道保证施工人员可无障碍地抵达作业面；保证照明充足，无长流水，长照明灯提示路障。施工现场保持工完场清。

6

门窗工程
施工
工艺

6.1 施工工艺流程

弹线定位 → 副框安装 → 砂浆塞缝 → 防水处理

打胶 ← 塞缝 ← 窗框窗扇安装 ← 内外装饰

6.2 施工工艺标准图

序号	施工步骤	材料、机具准备	工艺要点	效果展示
1	弹线定位	手电钻、射钉枪、锉刀、十字螺丝刀、划针、铁脚圆规、锤子、塞尺、盒尺、钢板尺、铁水平尺、线坠、木楔、卡具等	窗框安装前需提前弹设并复核室内 1m 建筑标高控制线、窗边垂直控制线、窗框与墙进出线,并与土建进行工序交接	
2	副框安装		副框及连接件符合深化设计并经原设计确认,采用木楔临时固定,之后用金属膨胀螺栓将副框固定在混凝土块上	
3	砂浆塞缝		副框与墙面、铝合金主框接触面需做防腐处理,副框与墙面间缝隙用干硬性水泥砂浆填充,内外斜八字,养护 7d	
4	防水处理		塞缝干硬性防水砂浆干燥后,在洞口外侧四周分遍涂刷 1.0mm 厚 JS 防水,如基层为砖砌体则需在防水部位抹一层底灰	

序号	施工步骤	材料、机具准备	工艺要点	效果展示
5	内外装饰		内装饰抹灰面平副框内侧面,外装饰面平副框顶面、侧面,外装饰窗台面比副框低5mm,内外装饰施工时应及时清理受污副框	
6	窗框窗扇安装	手电钻、射钉枪、锉刀、十字螺丝刀、划针、铁脚圆规、锤子、塞尺、盒尺、钢板尺、铁水平尺、线坠、木楔、卡具等	窗型材规格型号壁厚、五金配件、玻璃种类及厚度、密封条等符合设计规定,型材连接和玻璃嵌固需牢固	
7	塞缝		填充缝隙前将主框与副框接触面保护膜撕去,将溢出框外的发泡剂用专用工具压回缝内,并及时清理干净	
8	打胶		主、副框间发泡剂施工后,在外饰面与窗框交接处打中性硅酮密封胶,待密封胶固化后进行淋水试验并记录备案	

6.3 控制措施

序号	预控项目	产生原因	预控措施
1	框扇的主梃不顺直,扇的主面不在一个平面内	1)框、扇料断面小,型材厚度薄,刚度不够。 2)型材质量不符合标准。 3)窗扇构造节点不坚固,平面刚度差	1)框扇料断面应符合要求,壁厚不得小于1.4mm。 2)型材符合《铝合金建筑型材 第2部分:阳极氧化型材》GB/T 5237.2—2017。 3)窗扇四角连接构造必须坚固,一般做法为:上下横插入边、梃内通过转角连接件和固定螺钉连接,或采用自攻螺钉与紧固槽孔机械连接等形式
2	门窗框安装使用后产生松动	1)安装锚固铁脚间距过大、铁脚厚度不符合要求;锚固方法不正确。 2)四周缝隙嵌填水泥砂浆	1)锚固铁脚间距≤500mm,四周离边角不应大于150mm,锁位上须设连接件,连接件应伸出铝合金框并锚固于墙体上。 2)锚固铁脚连接件应采用镀锌金属件,厚度≥1.5mm,宽度≥20mm,铝合金门框埋入地面以下应为20~50mm。 3)当墙体为混凝土时,则门窗框的连接件与墙体可直接固定,砖墙上严禁用射钉直接固定。 4)门窗外框与墙体之间应为弹性连接,至少应填充20mm厚的保温软质材料,如用泡沫塑料条或聚氨酯发泡剂等
3	门窗推拉或开关困难	1)推拉窗轨道变形,窗框上冒头弯曲,高低不顺直,顶部无限位装置,滑轮错位或轧死不转。 2)窗铰松动,滑槽变形,滑块脱落。 3)门窗扇节点构造不牢固,平面刚度差	1)推拉窗轨道应平直,窗扇左右两侧顶角要有防止脱轨跳槽装置,限位装置应使窗扇抬高或推拉时不脱轨,使窗框与窗扇配合恰当,滑轮组件调整在一条直线上,轮子滚动灵活。 2)滑撑应保持上下一条垂直线,连接牢固;画线、开槽要准确,合页轴保持在同一垂直线上。 3)门窗扇四角的节点连接必须坚固,保证平面稳定不晃动

6.4 技术交底

6.4.1 施工准备

1. 材料要求

1）铝合金型材

（1）铝合金门窗主型材的壁厚应经计算或试验确定。除压条、扣板等需要弹性装配的型材外，门用主型材主要受力部位基材截面最小实测壁厚不应小于 2.0mm，窗用主型材主要受力部位基材截面最小实测壁厚不应小于 1.4mm。

（2）阳极氧化型材：阳极氧化膜膜厚应符合 AA15 级要求，氧化膜平均膜厚不应小于 15μm，局部膜厚不应小于 12μm。

（3）电泳涂漆型材：阳极氧化复合膜，表面漆膜采用透明漆应符合 B 级要求，复合膜局部膜厚不应小于 16μm；表面漆膜采用有色漆应符合 S 级要求，复合膜局部膜厚不应小于 21μm。

（4）粉末喷涂型材：装饰面上涂层最小局部厚度应大于 40μm。

（5）氟碳漆喷涂型材：二涂层氟碳漆膜，装饰面平均漆膜厚度不应小于 30μm；三涂层氟碳漆膜，装饰面平均漆膜厚度不应小于 40μm。

2）玻璃

（1）铝合金门窗工程可根据功能要求选用浮法玻璃、着色玻璃、镀膜玻璃、中空玻璃、真空玻璃、钢化玻璃、夹层玻璃、夹丝玻璃等。

（2）采用中空玻璃的铝合金门窗，所用玻璃应符合下列规定：

中空玻璃的单片玻璃厚度相差不宜大于 3mm；中空玻璃应使用加入干燥剂的金属间隔框，亦可使用塑性密封胶制成的含有干燥剂和波浪形铝带胶条；中空玻璃产地与使用地海拔高度相差超过 800m 时，宜加装金属毛细管，毛细管应在安装地调整压差后密封。

（3）采用低辐射镀膜玻璃的铝合金门窗，所用玻璃应符合下列规定：

真空磁控溅射法（离线法）生产的 Low-E 玻璃，应合成中空玻璃使用；中空玻璃合片时，应去除玻璃边部与密封胶粘接部位的镀膜，Low-E 膜层应位于中空气体层内；热喷涂法（在线法）生产的 Low-E 玻璃可单片使用，Low-E 膜层宜面向室内。

（4）夹层玻璃的单片玻璃厚度相差不宜大于 3mm。

3）五金配件

铝合金门窗工程用五金件应满足门窗功能要求和耐久性要求，合页、滑撑、滑轮等五金件的选用应满足门窗承载力要求，五金件应符合现行国家标准《建筑门窗五金件　通用要求》GB/T 32223 的规定。

铝合金门窗工程连接用螺钉、螺栓宜使用不锈钢紧固件。铝合金门窗受力构件之间的连接不得采用铝合金抽芯铆钉。

铝合金门窗五金件、紧固件用钢材宜采用奥氏体不锈钢材料，黑色金属材料根据使用要求应选用热浸镀锌、电镀锌、防锈涂料等有效防腐处理。

4）密封材料

（1）铝合金门窗密封胶条宜使用硫化橡胶类材料或热塑性弹性体类材料。

（2）铝合金门窗用密封毛条毛束应经过硅化处理，宜使用加片型密封毛条。

（3）铝合金门窗框与洞口间采用泡沫填缝剂做填充时，宜采聚氨酯泡沫填缝胶。固化后的聚氨酯泡沫胶缝表面应做密封处理。

2. 主要机具

机具：铝合金切割机、手电钻、射钉枪、锉刀、十字螺丝刀、划针、铁脚圆规、锤子、塞尺、盒尺、钢板尺、铁水平尺、线坠、木楔、卡具等。

3. 作业条件

主体结构质量经验收合格，工种之间已办好交接手续，并弹好室内 1.0m 水平线。

检查门窗洞口尺寸及标高是否符合设计要求。有预埋件的门窗口还应检查预埋件的数量、位置及埋设方法是否符合设计要求。

进场前检查铝合金门窗，如有劈棱窜角和翘曲不平、偏差超标、表面损伤、变形及松动、外观色差较大者，应进行修理或退换，验收合格后才能安装。

铝合金门窗的保护膜应完整，如有破损应补贴后再安装。

6.4.2 操作工艺

弹线定位→副框安装→砂浆塞缝→防水处理→内外装饰→窗框窗扇安装→塞缝→打胶。

6.4.3 质量标准

1. 主控项目

（1）铝合金门窗的物理性能应符合设计要求。

检验方法：检查门窗性能检测报告或建筑门窗节能性能标识证书，必要时可对外窗进行现场淋水试验。

（2）铝合金门窗所用铝合金型材的合金牌号、供应状态、化学成分、力学性能、尺寸偏差、表面处理及外观质量应符合现行国家标准的规定。

检验方法：观察、尺量、膜厚仪、硬度钳等，检查型材产品质量合格证书。

（3）铝合金门窗型材主要受力杆件材料壁厚应符合设计要求，其中门用型材主要受力部位基材截面最小实测壁厚不应小于2.0mm，窗用型材主要受力部位基材截面最小实测壁厚不应小于1.4mm。

检验方法：观察、游标卡尺、千分尺检查，进场验收记录。

（4）铝合金门窗框及金属副框与洞口的连接安装应牢固可靠，预埋件及锚固件的数量、位置与框的连接应符合设计要求。

检验方法：观察、手扳检查、检查隐蔽工程验收记录。

（5）铝合金门窗扇应安装牢固、开关灵活、关闭严密。推拉门窗扇应安装防脱落装置。

检验方法：观察、开启和关闭检查、手扳检查。

（6）铝合金门窗五金件的型号、规格、数量应符合设计要求，安装应牢固，位置应正确，功能满足使用要求。

检验方法：观察、开启和关闭检查、手扳检查。

2. 一般项目

（1）铝合金门窗外观表面应洁净，无明显色差、划痕、擦伤及碰伤。密封胶无间断，表面应平整光滑、厚度均匀。

检验方法：观察。

（2）除带有关闭装置的门（地弹簧、闭门器）和提升推拉门、折叠推拉窗、无平衡装置的提拉窗外，铝合金门窗扇启闭力应小于50N。

检验方法：用测力计检查。每个检验批应至少抽查5%，并不得少于3樘。

（3）门窗框与墙体之间的安装缝隙应填塞饱满，填塞材料和方法应符合设计要求，密封胶表面应光滑、顺直、无断裂。

检验方法：观察；轻敲门窗框检查；检查隐蔽工程验收记录。

（4）密封胶条和密封毛条装配应完好、平整、不得脱出槽口外，交角处平顺、可靠。

检验方法：观察；开启和关闭检查。

（5）铝合金门窗排水孔应通畅，其尺寸、位置和数量应符合设计要求。

检验方法：观察，测量。

（6）铝合金门窗安装的允许偏差满足要求。

6.4.4 成品保护

（1）铝合金门窗应入库，码放整齐，下边垫起、垫平，防止变形。对已做好披水的窗，还要注意保护披水。

（2）铝合金门窗装入洞口临时固定后，应检查四周边框和中间框架是否用规定的保护胶纸和塑料薄膜封贴包扎好，再进行门窗框与墙体之间缝隙的填嵌和洞口墙体表面装饰施工，以防止水泥砂浆、灰水、喷涂材料等污染损坏铝合金门窗表面。在室内外湿作业未完成前，不能破坏门窗表面的保护材料。禁止从窗口运送任何材料，以防损坏保护膜。

（3）应采取措施，防止焊接作业时电焊火花损坏周围的铝合金门窗型材、玻璃等材料。

（4）严禁在安装好的铝合金门窗上安放脚手架，悬挂重物。经常出入的门洞口，应及时保护好门框，严禁施工人员踩踏铝合金门窗，严禁施工人员碰擦铝合金门窗。

（5）交工前，应将门窗的保护膜撕去，要轻轻剥离，不得划破、剥花铝合金表面氧化膜。

6.4.5 安全、环保措施

（1）施工中应做到活完脚下清，包装材料、下脚料应集中存放，并及时回收。

（2）防水、油漆及胶类材料应符合环保要求，现场应封闭保存，使用后不得随意丢弃，避免污染环境。

（3）施工前对操作人员应进行安全教育，经考试合格后方可上岗操作。

（4）进入施工现场应戴好安全帽，高处作业时应系好安全带，特殊工种操作人员必须持证上岗，各种机具、设备应设专人操作。

（5）每班作业前应对脚手架、操作平台、吊装机具的可靠性进行检查，发现问题及时解决。

（6）进行焊接、切割作业时，应严格执行现场用火管理制度，现场高处焊接时，下方应设防火斗，并配备灭火器材，防止发生火灾。

（7）高空作业时，严禁上下抛掷工具、材料及下脚料。

7

砖面层
工艺

7.1 施工工艺流程

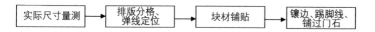

实际尺寸量测 → 排版分格、弹线定位 → 块材铺贴 → 镶边、踢脚线、铺过门石

7.2 施工工艺标准图

序号	施工步骤	材料、机具准备	工艺要点	效果展示
1	实际尺寸量测		根据现场实际尺寸进行块材大板试排版,确定石材最终铺贴样式	
2	排版分格、弹线定位	成品分格条、块材、橡皮、水平尺、扫平仪、切割机、吸盘、铁锹、水桶、美纹纸等	铺贴时应选色或对花、编号后铺贴,同区域颜色一致,无色差,如地面有拼花,宜采用水刀切割	
3	块材铺贴		块材镶边在十字缝及转角处应45°割角拼缝,拼缝时应注意与踢脚线完成面位置关系。块料交接采用完成面正投影配面铺贴法,确定各块料可视面实际尺寸,反推材料下单铺贴尺寸	
4	镶边、踢脚线、铺过门石		过门石2m以下时,应尽量采用单块石材。超过2m时,可采用两块等长石材拼接。门下不同材料分色时,分色线应在门下方,避免视觉出现狭窄线条,影响整体装饰效果	

7.3 控制措施

序号	预控项目	产生原因	预控措施
1	砖面层爆裂拱起	1）拼缝过紧； 2）养护不到位	1）施工过程中预留砖缝； 2）粘贴完后瓷砖表面洒水养护
2	砖面层空鼓	1）基层清理不到位； 2）配合比不当； 3）铺贴前，未浸水湿润或湿润时间过短	1）把粘结在基层上的浮浆、松动混凝土、砂浆等剔掉，并将杂物清扫干净；在铺设前刷一道水泥浆，其水灰比为0.4～0.5，并随铺随刷； 2）采用干硬性砂浆或专用胶粘剂，按配合比将砂浆搅拌均匀； 3）在铺贴前，将砖浸水湿润晾干待用
3	砖面层有高低差	1）原材产品规格有偏差； 2）未进行试铺工作； 3）铺贴完较短时间内上人或移动重物	1）挑砖时剔出不合格砖，对厚薄不均匀的板材，加以注明，使施工人员施工时注意控制； 2）采用试铺，板块正式落位后用水平尺骑缝搁置在相邻的板块上直到板面齐平为止； 3）养护期内，禁止上人及存放或移动重物
4	砖面层色差	1）原材进场时有色差或批次不同； 2）铺贴前或过程中未进行检查	1）加强材料进场验收； 2）施工前必须先仔细进行预铺，杜绝使用有色差的板块

7.4 技术交底

7.4.1 施工准备

1. 材料要求

（1）进场材料应检验合格后方能用于工程。

（2）板块的铺砌应符合设计要求，当设计无要求时，宜避免出现板块小于 1/4 边长的边角料。

（3）板材有裂缝、掉角、翘曲和表面有缺陷时，应予以移除，品种不同的板材不得混杂使用，在铺设前应根据板材的颜色、花纹、图案、纹理等按设计要求试拼编号。

2. 主要机具

成品分格条、块材、橡皮、水平尺、扫平仪、切割机、吸盘、铁锹、水桶、美纹纸等。

3. 作业条件

（1）基层强度满足要求；

（2）施工班组应做样板间，待验收合格后，方能大面积施工。

7.4.2 操作工艺

1）弹好各墙身 +50cm 水平控制线。

2）选块材并按规格、尺寸分类堆放，做好标识。

3）镶贴前要试拼、试排，应按图案颜色纹理试拼，然后排上编号，码放整齐。

4）基层处理：

（1）原基层有油泥污垢的需要用 10%NaOH 溶液刷洗干净后，再用清水冲洗扫净，认真将地面凹坑内的污物彻底剔刷干净；

（2）遇混凝土毛面基层，需用清水冲刷，除去尘土、浮灰；

（3）基层松散处，剔除干净后应做补强处理；

（4）水泥砂浆打底：清理好基层后，浇水润透地面，刷素水泥浆一道，随刷随抹砂浆。用扫帚扫匀，凝结后浇水养护，防止干燥脱水。

5）找规矩、弹线：

（1）在房间（或楼梯间）纵横两个方向排好尺寸，将缝宽按设计要求计算在内，如设计无要求时，一般为 2mm；

（2）当尺寸不足整板材的倍数时，可用切割机切割成半块用于边角处，尺寸相差较小时，可用调整缝隙的方法来解决。

6）铺贴：

（1）应先里后外、先上后下进行铺设，按照已编好的试拼编号，依次铺设，逐步退出；

（2）铺前将板块预先湿润，在板材背后抹水泥膏，试铺合格后直接铺贴；

（3）安放时四角同时下落，用橡皮锤轻击垫板，并用铁水平尺靠平，如发现空鼓应掀起用砂浆补平后再进行铺贴；

（4）楼梯踏步和台阶板块的缝隙宽度应一致、齿角整齐，楼层梯段相邻踏步高度差不应大于 10mm。

7.4.3 质量标准

项别	项目	质量要求	检验方法
保证项目	原材料	各种面层所用的板块品种、质量必须符合设计要求和有关标准	检查出厂合格证和检验报告
	面层与基层结合	面层与基层的结合（粘贴）必须牢固，无空鼓（脱胶）	观察和手扳检查

项别		项目	质量要求	检验方法
基本项目	1	板块面层表面	表面洁净，图案清晰，色泽一致，接缝均匀，周边顺直，板块无裂纹、掉角和缺棱等现象	观察检查
	2	地漏及泛水	坡度符合设计要求，不倒泛水，无积水，与地漏（管道）结合处严密牢固，无渗漏	观察检查，泼水检查
	3	踢脚线	表面洁净，接缝平整均匀，高度一致；结合牢固，出墙厚度适当，基本一致	用小锤轻击和观察检查
	4	楼梯踏步和台阶	缝隙宽度基本一致，相邻两步高度差不超过 10mm，防滑条顺直	观察或尺量检查
	5	镶边	各种面层相邻处的镶边用料及尺寸符合设计要求和施工规范规定，边角整齐、光滑	观察或尺量检查
允许偏差项目（mm）	1	表面平整度	1	用 2m 靠尺和楔形塞尺检查
	2	缝格平直	2	拉 5m 线，不足 5m 拉通线和尺量检查
	3	接缝高低差	0.5	尺量和楔形塞尺检查
	4	踢脚线上口平直	1	拉线 5m，不足 5m 拉通线和尺量检查
	5	压块间隙宽度	1	尺量检查

7.4.4 成品保护

在面层上操作其他工作时,应避免落物砸坏地面。推小车或刮腻子时,应将小车腿及钢管架子底部等用布包裹,以免划伤地面。

7.4.5 安全、保护措施

(1)晚上压光使用灯具照明时,应将灯及灯线放在绝缘的地方。

(2)严禁从窗口或洞口往外抛撒杂物。

(3)面层满铺竹胶板和彩条布。

(4)严禁尖锐的物件碰撞地面,以防划破。

(5)采取隔离措施,将不同施工段隔离施工。铺板过程中,在施工区域避免其余工种交叉作业。

8

8

大理石面层和花岗岩面层工艺

8.1 施工工艺流程

実际尺寸量测 → 排版分格、弹线定位 → 涂刷防水背涂 → 块材铺贴 → 镶边、踢脚线铺过门石

8.2 施工工艺标准图

序号	施工步骤	材料、机具准备	工艺要点	效果展示
1	实际尺寸量测	成品分格条、块材、橡皮、水平尺、扫平仪、切割机、吸盘、铁锹、水桶、美纹纸等	根据现场实际尺寸进行块材大板试排版,确定石材最终铺贴样式	
2	排版分格、弹线定位		铺贴时应选色或对花、编号后铺贴,同区域颜色一致,无色差,如地面有拼花,宜采用水刀切割	
3	涂刷防水背涂		铺贴前,石材六面均应涂刷不少于2遍的防水背涂,有效减少返碱泛白、锈斑污染、水渍湿痕等污染破坏。浅色石材铺贴采用白水泥或浅色胶粘剂粘贴,石材背面需背胶处理,防止返碱	
4	块材铺贴		块材镶边在十字缝及转角处应45°割角拼缝,拼缝时应注意与踢脚线完成面位置关系。块料交接采用完成面正投影面铺贴法,确定各块料可视面实际尺寸,反推材料下单铺贴尺寸	

序号	施工步骤	材料、机具准备	工艺要点	效果展示
5	镶边、踢脚线、铺过门石	成品分格条、块材、橡皮、水平尺、扫平仪、切割机、吸盘、铁锹、水桶、美纹纸等	过门石2m以下时，应尽量采用单块石材。超过2m时，可采用两块等长石材拼接。门下不同材料分色时，分色线应在门下方，避免视觉出现狭窄线条，影响整体装饰效果	

8.3 控制措施

序号	预控项目	产生原因	预控措施
1	块材面层爆裂拱起	1）拼缝过紧； 2）养护不到位	1）施工过程中预留砖缝； 2）粘贴完后瓷砖表面洒水养护
2	块材面层空鼓	1）基层清理不到位； 2）配合比不当； 3）铺贴前，未浸水湿润或湿润时间过短	1）把粘结在基层上的浮浆、松动混凝土、砂浆等剔掉，并将杂物清扫干净。在铺设前刷一道水泥浆，其水灰比为0.4~0.5，并随铺随刷； 2）采用干硬性砂浆或专用胶粘剂，按配合比将砂浆搅拌均匀； 3）在铺贴前，将砖浸水湿润晾干待用
3	块材面层有高低差	1）原材产品规格有偏差； 2）未进行试铺工作； 3）铺贴完较短时间内上人或移动重物	1）挑砖时剔出不合格砖，对厚薄不均匀的板材，加以注明，使施工人员施工时注意控制； 2）采用试铺，板块正式落位后用水平尺骑缝搁置在相邻的板块上直到板面齐平为止； 3）养护期内，禁止上人及存放或移动重物

序号	预控项目	产生原因	预控措施
4	块材面层色差	1）原材进场时有色差或批次不同； 2）铺贴前或过程中未进行检查	1）加强材料进场验收； 2）施工前必须先仔细进行预铺，杜绝使用有色差的板块
5	块材面层铺贴后返碱	1）防护面数量不足； 2）未采取防碱背涂措施	1）严格确保石材六面防护质量； 2）在地下室进行天然石材铺贴时垫层应有隔离层防止返碱

8.4 技术交底

8.4.1 施工准备

1. 材料要求

（1）进场材料应检验合格后方能用于工程。

（2）板块的铺砌应符合设计要求，当设计无要求时，宜避免出现板块小于 1/4 边长的边角料。

（3）板材有裂缝、掉角、翘曲和表面有缺陷时，应予以剔除，品种不同的板材不得混杂使用，在铺设前应根据板材的颜色、花纹、图案、纹理等按设计要求试拼编号。

2. 主要机具

成品分格条、块材、橡皮、水平尺、扫平仪、切割机、吸盘、铁锹、水桶、美纹纸等。

3. 作业条件

（1）基层强度满足要求。

（2）施工班组应做样板间，待验收合格后，方能大面积施工。

8.4.2 操作工艺

1）弹好各墙身 +50cm 水平控制线。

2）选块材并按规格、尺寸分类堆放，做好标识。

3）镶贴前要试拼、试排，应按图案颜色纹理试拼，然后排上编号，码放整齐。

4）基层处理

（1）原基层有油泥污垢的需要用 10%NaOH 溶液刷洗干净后，再用清水冲洗扫净，认真将地面凹坑内的污物彻底剔刷干净。

（2）遇混凝土毛面基层，需用清水冲刷，除去尘土、浮灰。

（3）基层松散处，剔除干净后应做补强处理。

（4）水泥砂浆打底：清理好基层后，浇水润透地面，刷素水泥浆一道，随刷随抹砂浆。用扫帚扫匀，凝结后浇水养护，防止干燥脱水。

5）找规矩、弹线

（1）在房间（或楼梯间）纵横两个方向排好尺寸，将缝宽按设计要求计算在内，如设计无要求时，一般为 2mm。

（2）当尺寸不足整板材的倍数时，可用切割机切割成半块用于边角处，尺寸相差较小时，可用调整缝隙的方法来解决。

6）铺贴

（1）应先里后外、先上后下进行铺设，按照已编好的试拼编号，依次铺设，逐步退出。

（2）铺前将板块预先湿润，在块材背后抹水泥膏，试铺合格后直接铺贴。

（3）安放时四角同时下落，用橡皮锤轻击垫板，并用铁水平尺靠平，如发现空鼓应掀起用砂浆补平后再进行铺贴。

（4）楼梯踏步和台阶板块的缝隙宽度应一致、齿角整齐，楼层梯段相邻踏步高度差不应大于 10mm。

8.4.3 质量标准

项别	项目		质量要求	检验方法
保证项目	原材料		各种面层所用的板块品种，质量必须符合设计要求和有关标准	检查出厂合格证和检验报告
	面层与基层结合		面层与基层的结合（粘贴）必须牢固，无空鼓（脱胶）	观察和手扳检查
基本项目	1	板块面层表面	表面洁净，图案清晰，色泽一致，接缝均匀，周边顺直，板块无裂纹、掉角和缺棱等现象	观察检查
	2	地漏及泛水	坡度符合设计要求，不倒泛水，无积水，与地漏（管道）结合处严密牢固，无渗漏	观察检查，泼水检查
	3	踢脚线	表面洁净，接缝平整均匀，高度一致；结合牢固，出墙厚度适当，基本一致	用小锤轻击和观察检查
	4	楼梯踏步和台阶	缝隙宽度基本一致，相邻两步高度差不超过 10mm，防滑条顺直	观察或尺量检查
	5	镶边	各种面层相邻处的镶边用料及尺寸符合设计要求和施工规范规定，边角整齐、光滑	观察或尺量检查

装饰装修及屋面施工工艺操作口袋书

项别		项目	质量要求	检验方法
允许偏差项目（mm）	1	表面平整度	1	用 2m 靠尺和楔形塞尺检查
	2	缝格平直	2	拉 5m 线，不足 5m 拉通线和尺量检查
	3	接缝高低差	0.5	尺量楔形塞尺检查
	4	踢脚线上口平直	1	拉 5m 线，不足 5m 拉通线和尺量检查
	5	压块间隙宽度	1	尺量检查

8.4.4 成品保护

在面层上操作其他工作时，应避免落物砸坏地面。推小车或刮腻子时，应将小车腿及钢管架子底部等用布包裹，以免划伤地面。

8.4.5 安全、环保措施

（1）晚上压光使用灯具照明时，应将灯及灯线放在绝缘的地方。

（2）料盘口推料人员应与料盘司机遥相呼应，起落口令要一致。料盘用完后，应及时将安全门关闭。

（3）严禁从窗口或洞口往外抛撒杂物。

（4）块材面层满铺竹胶板和彩条布。

（5）严禁强碱或酸性液体倾洒在地面上，以免污染板面。

（6）采取隔离措施，将不同施工段隔离施工。铺板过程中，在施工区域避免其余工种交叉作业。

9

9

饰面板（砖）施工工艺

9.1 施工工艺流程

1. 饰面砖

测量放线 → 基层处理 → 墙面批砂浆找平 → 弹线分格 → 贴砖 → 勾缝

2. 石材干挂

放线控制 → 埋板安装 → 钢骨架安装 → 安装调节 → 石材安装 → 打胶

9.2 施工工艺标准图

1. 饰面砖施工工艺标准图

序号	施工步骤	材料、机具准备	工艺要点	效果展示
1	测量放线	手枪钻、电动手持无齿切割锯、砂轮磨光机、专用手推车、合金钢扁錾子、锤、凿、墨斗、铲、开刀、胶枪、锯、激光放线仪、经纬仪、水准仪、直角检测尺、靠尺、塞尺、对角检测尺、焊缝检测尺、钢卷尺、钢直尺、游标卡尺等	（1）铺贴之前对房间进行规方。1：2水泥砂浆找平，满足垂直度为3mm，方正度为3mm； （2）在墙体立面上弹出相对面完成面定位线，要求地面方正，水泥浆厚度为10～15mm； （3）在同一墙面上弹分格线，考虑门窗洞口收边、碰角细部处理，不允许小于100mm	
2	基层处理		铺贴前对基层要充分湿润，冲掉浮尘，七成干即可铺贴	

序号	施工步骤	材料、机具准备	工艺要点	效果展示
3	找规矩，吊垂直、找方		对房间找规矩，阴阳角找方正，在地面弹出轮廓线	
4	弹线分格	手枪钻、电动手持无齿切割锯、砂轮磨光机、专用手推车、合金钢扁錾子、锤、凿、墨斗、铲、开刀、胶枪、锯、激光放线仪、经纬仪、水准仪、直角检测尺、靠尺、塞尺、对角检测尺、焊缝检测尺、钢卷尺、钢直尺、游标卡尺等	墙面弹线分尺寸，同时瓷砖浸水润湿 30min 左右，阴干备用，弹线上口水平，下口以最低处为准，防止有空隙。平顶应留整砖，并在墙面上弹出 1m 间距的控制线。一般阳角应是整砖，如是找砖，须大于 2cm，一般找砖放在阴角处	
5	贴砖		墙面上下各做一块标准点，出墙面 5cm，铺贴瓷砖，由下至上，从大面到小面，瓷砖抹灰浆须饱满，每一块瓷砖须贴平，每贴完一皮瓷砖须用托线板靠平，瓷砖有高差，应用垫片垫平整。为使瓷砖墙面平整，应先在阴阳角用托线板挂直，铺设竖向瓷砖，或者在阴阳角各做一块控制点，控制墙面平整度、垂直度，设计无规定时，瓷砖缝隙统一留缝 1～1.5mm，瓷砖尺寸大于 150mm×100mm 的，在阳角接缝处，瓷砖整边宜加工成 45° 铺贴	
6	勾缝		铺好瓷砖后，清除缝隙灰浆，然后用毛刷蘸白水泥浆涂缝，再用铁皮除缝，最后用布擦干净，并做好产品保护	

2. 石材干挂施工工艺标准图

序号	施工步骤	材料、机具准备	工艺要点	效果展示
1	放线控制		在地上放样并弹出骨架、饰面轮廓线和墙上水平基准线,与各部位的垂直槽钢线	
2	埋板安装	云石机、手电钻、焊机、胶枪、水平尺、方尺、靠尺板、合金钢扁錾子	按照竖龙骨槽钢位置,确定埋板位置,在混凝土梁、墙上用膨胀螺栓固定埋板	
3	钢骨架安装		在墙面预埋膨胀螺栓,横向焊接40mm×40mm角钢,角钢间距与石材分隔相同,局部直接采用挂件和墙体连接。骨架安装之前按照设计和排版要求的尺寸下料,安装骨架注意其垂直度和平整度,并拉线控制使墙面或房间方正	
4	安装调节		调节片安装是依据石材的板块规格确定的,调节挂件采用不锈钢制成,分为50mm×5mm,按照设计要求进行加工。利用螺丝和骨架连接,注意调节挂件一定要安装牢固	

序号	施工步骤	材料、机具准备	工艺要点	效果展示
5	石材安装	云石机、手电钻、焊机、胶枪、水平尺、方尺、靠尺板、合金钢扁錾子	安装石材前用云石机在石材的侧面开槽，开槽深度依照挂件的尺寸进行，一般要求不小于 10mm，并且在板材后侧边中心。为了保证开槽不崩边，开槽距边缘距离为 1/4 边长且不小于 50mm，并将槽边的石灰清理干净以保证灌胶粘接牢固。 石材安装时从底层开始，吊好垂直线，然后依次向上安装。必须对石材的材质、颜色、纹路、加工尺寸进行检查，按照石材编号将石材轻放在 T 形挂件上，安装就位后调整准确位置，并立即清孔，槽内注入耐候胶，要求锚固胶保证有 4~8h 的凝固时间，以避免过早凝固而脆裂、过慢凝固而松动，板材垂直度、平整度、拉线校正后拧紧螺栓	
6	打胶		勾缝或打胶完毕后，用棉纱等物对石材表面进行清理，干挂必须待胶凝固后，再用壁纸刀、棉纱等物对石材表面进行清理。需要打蜡的一般应按照使用蜡的操作方法进行，原则上应烫硬蜡，擦软蜡，要求均匀不露底色，色泽一致，表面整洁	

9.3 控制措施

序号	预控项目	产生原因	预控措施
1	铺贴完的石材或者瓷砖平整度不符合要求，板与板之间的垂直接缝及水平接缝不顺直	1）弯曲面或弧形平面板块，在施工现场用手提切割机加工,尺寸偏差失控，板块厚薄不一，板面凹凸不平，板角不方正，板块尺寸超过允许偏差； 2）对板块来料未作检查、挑选、试拼，施工标线不准确或间隔过大； 3）密缝安装，无法利用板缝宽度适当调整板块加工制作偏差，导致大面积的墙面板缝累积偏差过大	1）采用"干接"缝的饰面，其板块外观检查不应超过优等品的允许偏差标准，板块长、宽只允许负偏差； 2）认真熟悉图纸，明确板块的排列方式、分格和图案，伸缩缝位置、接缝和凹凸部位的构造大样； 3）做好施工大样图，铺贴前排好尺寸； 4）板块安装应先做样板墙，经相关方共同确认后，再大面积铺贴； 5）板块灌浆前应浇水，将板块背面和基体表面湿润再分层灌浆，每层灌注高度为 150 ~ 200mm 且不大于板高的1/3，插捣密实。待其初凝后，应检查板面位置，若有移动错位，应拆除重新安装，若无移动，方可灌注上层砂浆
2	石材铺贴时出现通长断裂，顺着自然纹路开裂，边角缺损	1）板块材质局部风化脆弱，或在加工运输中造成隐伤，安装前未经检查和修补； 2）板块背网加固不到位，粘贴不牢，导致在铺贴过程中沿自然纹路断裂； 3）计划不周或施工无序，在饰面安装后又在墙上开洞，导致饰面出现犬牙和裂缝	1）做好加工运输质量保障工作，安装前再一次检查板材质量； 2）板块进场后，首先要进行外观检查，不符合要求的不得使用； 3）安装板块应在墙面预埋完成后进行

序号	预控项目	产生原因	预控措施
3	板块铺贴完后，敲击检验出现空鼓，墙面板块自然脱落	1）防护剂涂刷不当，或使用不合格的防护剂，板背光滑，削弱了板块与砂浆的粘结力； 2）基体（基层）、板块底面未清理干净，残存灰尘或污物； 3）粘贴（或灌浆）砂浆不饱满，或砂浆太稀、强度低、粘结力差、干缩量大，养护时间不够	1）粘贴前，基层、板块必须清理干净，用水充分湿润，阴干至表面无水迹时，即可涂刷界面处理剂，界面处理剂表面干燥后即可进行粘贴； 2）粘贴法砂浆稠度宜为 60 ~ 80mm，灌浆法砂浆稠度宜为 80 ~ 120mm（坚持分层灌实）； 3）使用经检验合格的板材防护剂，并按使用说明书要求进行涂刷； 4）注意成品保护，防止振动、撞击等外伤，尤其注意避免粘贴砂浆、胶粘剂早期受损

9.4 技术交底

9.4.1 施工准备

1. 饰面砖

1）材料要求

（1）水泥：32.5 级普通硅酸盐水泥，应有出厂质量证明或复试报告。若出厂超过 3 个月，应按试验结果使用。

（2）白水泥：32.5 级白水泥。

（3）砂：中砂或粗砂，用前过筛。

（4）内墙面砖：应表面平整，颜色一致，尺寸正确，边棱整齐，无掉棱、缺角。

2）主要机具

磅秤、手推车、大桶、木抹子、水平尺、方尺、靠尺、合金量子、托线板、盒尺。

3）作业条件

镶贴前，基体必须经验收，无空鼓。墙面有防水房间要做好闭水试验，并隐检完毕，结构已验收沉降稳定，基体表面平整度必须经过处理，饰面砖施工图（排砖图）应根据基体的几何表面状况确定。

2. 石材干挂

1）材料要求

石材、热镀锌钢板、膨胀螺栓、化学螺栓、热镀锌角铁、方钢或槽钢、环氧树脂、尼龙垫、硅酮石材密封胶等。

2）主要机具

云石机、手电钻、焊机、胶枪、水平尺、方尺、靠尺板、合金量子。

3）作业条件

（1）检查石材的质量及各方性能是否符合设计要求。

（2）搭架子，做隐检。

（3）水电设备及其他预留件已安装完成。

（4）门窗工程已完毕。

（5）对参与施工人员做技术交底。

9.4.2 操作工艺

1. 饰面砖操作工艺

测量放线→基层处理→墙面批砂浆找平→弹线分格→贴砖→勾缝。

2. 石材干挂操作工艺

放线控制→埋板安装→钢骨架安装→安装调节→石材安装→打胶。

9.4.3 质量标准

1. 饰面砖质量标准

1）主控项目

（1）内墙饰面砖的品种、规格、图案颜色和性能应符合设计要求及国家现行标准的有关规定。

检验方法：观察；检查产品合格证书、进场验收记录、性能检验报告和复验报告。

（2）内墙饰面砖粘贴工程的找平、防水、粘结和填缝材料及施工方法应符合设计要求及国家现行标准的有关规定。

检验方法：检查产品合格证书、复验报告和隐蔽工程验收记录。

（3）内墙饰面砖粘贴应牢固。

检验方法：手拍检查，检查施工记录。

（4）满粘法施工的内墙饰面砖应无裂缝，大面和阳角应无空鼓。

检验方法：观察；用小锤轻击检查。

2）一般项目

（1）内墙饰面砖表面应平整、洁净、色泽一致，应无裂痕和缺损。

检验方法：观察。

（2）内墙面凸出物周围的饰面砖应整砖套割吻合，边缘应整齐。墙裙、贴脸凸出墙面的厚度应一致。

检验方法：观察；尺量检查。

（3）内墙饰面砖接缝应平直、光滑，填嵌应连续、密实；宽度和深度应符合设计要求。

检验方法：观察；尺量检查。

（4）内墙饰面砖粘贴的允许偏差和检验方法应符合下表的规定。

项次	项目	允许偏差（mm）	检验方法
1	立面垂直度	2	用 2m 垂直检测尺检查
2	表面平整度	3	用 2m 靠尺和塞尺检查
3	阴阳角方正	3	用 200mm 直角检测尺检查
4	接缝直线度	2	拉 5m 线，不足 5m 拉通线，用钢直尺检查
5	接缝高低差	1	用钢直尺和塞尺检查
6	接缝宽度	1	用钢直尺检查

2. 石材干挂质量标准

1）主控项目

（1）石板的品种、规格、颜色和性能应符合设计要求及国家现行标准的有关规定。

检验方法：观察；检查产品合格证书、进场验收记录、性能检验报告和复验报告。

（2）石板孔、槽的数量、位置和尺寸应符合设计要求。

检验方法：检查进场验收记录和施工记录。

（3）石板安装工程的预埋件（或后置埋件）、连接件的材质、数量、规格、位置、连接方法和防腐处理应符合设计要求。后置埋件的现场拉拔力应符合设计要求。石板安装应牢固。

检验方法：手扳检查；检查进场验收记录、现场拉拔检验报告、隐蔽工程验收记录和施工记录。

2）一般项目

（1）石板表面应平整、洁净、色泽一致，应无裂痕和缺损。石板表面应无返碱等污染。

检验方法：观察。

（2）石板填缝应密实、平直，宽度和深度应符合设计要求，填缝材料色泽应一致。

检验方法：观察；尺量检查。

（3）石板上的孔洞应套割吻合，边缘应整齐。

检验方法：观察。

（4）石板安装的允许偏差和检验方法应符合下表的规定。

项次	项目	允许偏差（mm）			检验方法
		光面	剁斧石	蘑菇石	
1	立面垂直度	2	3	3	用 2m 垂直检测尺检查
2	表面平整度	2	3	—	用 2m 靠尺和塞尺检查
3	阴阳角方正	2	4	4	用 200mm 直角检测尺检查
4	接缝直线度	2	4	4	拉 5m 线，不足 5m 拉通线，用钢直尺检查
5	墙裙、勒脚上口直线度	2	3	3	
6	接缝高低差	1	3	—	用钢直尺和塞尺检查
7	接缝宽度	1	2	2	用钢直尺检查

9.4.4 成品保护

（1）要及时清擦，洁净残留在门窗框、玻璃和金属、饰面板上的污物。

（2）认真贯彻合理施工顺序，少数工种的工作应做在前面，防止损坏、污染外挂石材饰面板。

（3）拆改架子和上料时，严禁碰撞干挂石材饰面板。

（4）外饰面完成后，易破损部分的棱角处要做护角保护，其他工种操作时不得划伤面漆和碰坏石材。

（5）完工的外挂石材应设专人看管，遇到有危害成品的行为，应立即制止，并严肃处理。

（6）每次贴砖完毕后，用棉丝将面砖仔细清理干净。镶贴好的面砖应有切实可靠的防止污染的措施，同时要及时清擦干净残留在门窗框、扇上的砂浆。特别是铝合金门窗框、扇，事先应粘贴好保护膜，防止污染。灰层在凝结前应防止风干、水冲、撞击和振动。注意其他专业施工时，不要破坏现有成品。

9.4.5 安全、环保措施

（1）施工中应做到活完脚下清，包装材料、下脚料应集中存放，并及时回收。

（2）施工前对操作人员应进行安全教育，经考试合格后方可上岗操作。

（3）进入施工现场应戴好安全帽，高处作业时应系好安全带，特殊工种操作人员必须持证上岗，各种机具、设备应设专人操作。

（4）每班作业前应对脚手架、操作平台、吊装机具的可靠性进行检查，发现问题及时解决。

（5）高空作业时，严禁上下抛掷工具、材料及下脚料。

10

单元式幕墙施工工艺

10.1 施工工艺流程

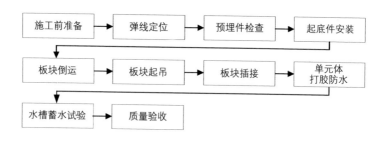

10.2 施工工艺标准图

序号	施工步骤	材料、机具准备	工艺要点	效果展示
1	施工前准备	安全劳保用品	进入施工现场前，操作人员应正确穿戴反光衣，背好安全带，戴好安全帽，戴好手套等劳保用品。根据安装批次将单元体运至施工区域，做好半成品保护	
2	弹线定位	全站仪、经纬仪、重锤、钢丝线等	1）根据幕墙分格大样图和标高点、进出位线及轴线位置，采用重锤、钢丝线、测量器具及水平仪等工具在主体上定出幕墙平面、立柱、分格及转角等基准线，并用经纬仪进行调整、复测。2）水平标高要逐层从地面向上引，以免误差累积	

序号	施工步骤	材料、机具准备	工艺要点	效果展示
3	预埋件检查	卷尺、墨斗、钢丝线、小锤	1）在测量放线的同时，对预埋件的位置偏差进行检验、定位，其上、下、左、右偏差数值不应超过 ±30mm。 2）首先由测量放样人员将分格线弹设在埋件上，通过十字定位线检查埋件左右、上下的偏差。通过竖向钢丝线检查埋件的进出尺寸，将检查结果记录下来，反馈给监理、业主、总包。若偏差较大，报设计人员出埋件修正方案	
4	起底件安装	手持电动工具	1）根据平面图及测量放线结果，定位起底钢件标高、水槽横料标高，安装钢件。根据本工程起底料及钢挂件的安装位置，使用电动吊篮进行施工。 2）将起底水槽搁置在放有胶皮的钢件上，对好螺栓孔位，在起底水槽孔位周围打一圈密封胶，将移动水槽推至接缝中心处，四周打胶密封，安装螺栓，在移动水槽的侧壁及底面打薄胶一层	
5	板块倒运叉车、周转架	叉车、周转架	起吊前使用叉车进行倒运单元体，使用飞机带或者包满胶皮的钢夹具，或在叉臂上垫放柔软物品，将单元体轻轻搁置在活动小平板车上，平板车采用毛毯或橡胶垫做软防护，注意单元板块要放平、放稳，以免在吊运中磕碰	

序号	施工步骤	材料、机具准备	工艺要点	效果展示
6	板块起吊	吊具、夹具、汽车式起重机、电动吸盘	将吊具穿入单元板块水槽内，吊具与单元板块连接好后，将二次保护钢丝绳与单元体挂耳连接，再将吊装扁担与挂钩连接牢固，由信号工指挥汽车式起重机缓慢起吊，小平板车同时随着缓慢前移，单元板块接近楼体边缘时，操作人员牵引缆风绳防止单元板块突然离地晃动，随着单元板块的提升，慢慢抽出单元板块前端的小平板车，随着单元板块的继续上升，当单元板块离开地面时，移开后端小平板车	
7	板块插接	电动吊篮、手持电动工具	1）单元板块的插接就位由单元板块吊装层及上一层人员共同完成，单元板块下行至挂点与转接件高度之间相距200mm时，板块停止下行，并进行单元板块的左右方向插接。 2）在左右方向插接完成后，在保证左右接缝尺寸的情况下控制板块继续下行，此时由板块上一层人员负责单元板块挂件与转接件的对接，板块安装层人员负责上、下两单元板块的插接。 3）确认单元板块的挂点、左右插接以及装饰条插接，上下插接都已安装到位后，拆除夹具，借助水准仪通过调整螺栓，实现板块高度方向的微调，并且对单元板块左右接缝进行校验微调，单元体安装完成后根据控制线进行微调，各项控制尺寸满足要求后进行最终固定	

序号	施工步骤	材料、机具准备	工艺要点	效果展示
8	单元体打胶防水	胶枪	单元体安装并调节到位后，打胶前对基层进行彻底清理，将移动水槽推至接缝中心处，四周打胶密封，在移动水槽的侧壁及底面打薄胶一层，粘贴长度为200mm的发泡海绵，在外腔接缝100mm范围内注胶一层，并粘贴拔水胶皮，四周打密封胶，粘结单元体插接胶条	
9	水槽蓄水试验	水枪	水槽注胶完毕后开始做水槽蓄水试验，在两块单元体水槽料拼接位置设置两道与水槽深度一致的挡板，并临时打胶密封，在两挡板之间注满水，待5～15min后观察，看是否存在渗漏水现象，对发现渗漏的地方须重新打胶，再做试验，直至合格，每一层每一个移动水槽位置均应做蓄水试验	

10.3 控制措施

序号	预控项目	产生原因	预控措施
1	预埋件位置、标高前后偏差过大，支座钢板连接件处理不当，影响节点受力和幕墙安全	1）设置预埋件时，基准位置不准。2）设置预埋件时，控制不严。	1）按标准线进行复核，找准基准线，标定永久坐标点，以便检查测量时参照使用。2）预埋件固定后，按照基准高线、中心线对分格尺寸进行复查，按规定基准位置支设预埋件。

序号	预控项目	产生原因	预控措施
1	预埋件位置、标高前后偏差过大，支座钢板连接件处理不当，影响节点受力和幕墙安全	3）设置预埋件时，钢筋绑扎不牢或不当，混凝土模板支护不当，当混凝土振捣时发生胀模、偏模。 4）混凝土振捣后预埋件变位	3）加强钢筋绑扎检查，在浇筑混凝土时，应经常观察及测量预埋件情况，当发生变形时立即停止浇灌，进行调整、排除。 4）为了防止预埋件的尺寸、位置出现位移或偏差过大，土建施工单位与幕墙安装单位在预埋件放线定位时密切配合，共同控制各自正确的尺寸，否则预埋件的质量不符合设计或规范要求，将直接影响安装质量及工程进度。 5）对已产生偏差的预埋件，要制订合理的施工方案进行处理
2	不按操作要求注胶，技术差，操作马虎，注胶不密实饱满，有气泡	1）没有严格执行注胶操作规定要求。 2）操作不娴熟，甚至未培训上岗。 3）在更换碰凹变形的胶桶时，在倒胶过程中乃至注胶过程中混入空气。 4）注胶机出现故障	1）严格注胶操作规定要求。 2）严禁未培训人员上岗操作，操作应均匀，缓慢移动注胶枪嘴。 3）放净含有气泡的胶后，再进行构件的注胶。 4）加强注胶机的维护和保养
3	胶缝宽度不均匀，缝面不平滑、不清洁，胶缝内部有孔隙	1）裁割质量不合格，玻璃边凹凸不平。 2）双面胶条粘贴不平直。 3）注胶不饱满。 4）胶缝修整不平滑，不清洁	1）玻璃裁割后必须进行倒棱、倒角处理。 2）双面胶条粘贴规范，并做倒角处理。 3）缝口外溢出的胶应用力向缝面压实，并刮平整，清除多余的胶渍

序号	预控项目	产生原因	预控措施
4	1）封边板直接与水泥砂浆接触，造成金属板面腐蚀。 2）封边金属板处理不当，密封不好、漏水。 3）封边构件固定不可靠，有松动	1）封边金属板未做防腐处理。 2）封边金属板与封边金属板的连接采用简单搭接，未做密封防水处理。 3）封边金属板与外墙材料的结合部位未打胶或注胶不连续。 4）封边金属板与墙直接打钉固定，墙体不平，铝合金板因变形浮出或固定点间距太大	1）参照铝合金门窗标准，全埋入水泥砂浆层内的铝合金封边板应涂防腐涂料（如沥青油），外露的做保护涂层处理或粘贴保护胶纸。 2）封板顶两连接处设置沟槽，注胶密封。 3）封板与外墙材料间留沟槽或形成倾角，注胶饱满、连续。 4）对封板固定处墙体应找平安装面，还可用先装胶塞再植入螺钉的方法固定封板

10.4 技术交底

10.4.1 施工准备

1. 材料准备

玻璃、型材、板材、单元板块、密封胶、结构胶等。

2. 主要机具

该系统幕墙的安装主要使用电动吊篮进行转接件及起底料的施工，然后使用炮车、汽车式起重机进行单元板块的吊装。涉及使用的机具主要有：板块周转架、吊具、夹具、电动吊篮、电动吸盘、汽车式起重机、塔式起重机、炮车（无法使用汽车式起重机吊装的位置）等。

3. 作业条件

1）施工总平面划分出专用区域用来进行板块卸车及临时存放，保证通行顺畅，此区域应在塔式起重机使用半径之内。

2）为实现板块运到各楼层，每层应设一个板块存放层，在此层应设一个钢制运货平台，由塔式起重机及运货平台实现板块由地面至存放层的垂直运输。

3）为保证单元幕墙顺利、有序地安装，单元板块由设计师按照立面统一编号，单元板加工制作、运输和安装统一按照此编号进行。

4）作业面要求如下：

（1）防护架提前搭设在上部，满铺挑板防止高空坠物；

（2）施工区域左右各让出 2m 安全距离，防止吊装过程中触碰外架；

（3）施工部位上一层及左右不小于 2m 范围内维护架需拆除；

（4）外架拆除位置，层间临边需安装临边防护。

10.4.2 操作工艺

1. 工艺流程

施工前准备→弹线定位→预埋件检查→起底件安装→板块倒运→板块起吊→板块插接→单元体打胶防水→水槽蓄水试验→安装完成质量检验。

2. 操作要点

详见 10.2。

10.4.3 质量标准

单元板块安装质量控制标准应符合下表要求。

项次	项目		允许偏差（mm）	检查方法
1	竖缝及墙面垂直度	$H \leq 30$	≤ 10	激光经纬仪或经纬仪
		$30 < H \leq 60$	≤ 15	
		$60 < H \leq 90$	≤ 20	
		$H > 90$	≤ 25	
2	幕墙平面度		≤ 2.5	2m 靠尺、钢尺
3	竖缝直线度		≤ 2.5	2m 靠尺、钢尺
4	横缝直线度		≤ 2.5	2m 靠尺、钢尺
5	缝宽度（与设计值比）		± 2	钢尺
6	耐候胶缝直线宽	$L \leq 20m$	1	钢尺
		$20m < L \leq 60m$	3	
		$60m < L \leq 100m$	6	
		$L > 100m$	10	
7	两相邻面板之间接缝高低差		≤ 1.0	深度尺
8	同层单元组件标高	宽度不大于35mm	≤ 3.0	激光经纬仪或经纬仪
		宽度大于35mm	≤ 40	
9	相邻两组件面板表面高低差		≤ 1.0	深度尺
10	两组件对插件接缝搭接长度（与设计值相比）		± 1.0	卡尺
11	两组件对插件距槽底相离（与设计值相比）		± 1.0	卡尺

注：H 为幕墙高度（m）；L 为板块长度。

连接件安装精度要求应符合下表要求。

项次	项目	要求
1	标高	±1.0mm（有上下调节时 ±2.0mm）
2	连接件两端点平行度偏差	≤1.0mm
3	距安装轴线水平距离	≤1.0mm
4	垂直偏差（上下两端点与垂线偏差）	±1.0mm
5	两连接件连接点中心水平距离	±1.0mm
6	相邻三连接件（上下、左右）偏差	±1.0mm

10.4.4 成品保护

1）对于被吊装的单元板块，采用专用的单元吊具，为了不使起吊板块与已安装完毕的幕墙相碰撞，在作业面上的楼层内设置人员用专用工具进行下行过程中的板块保护。同时，楼层内的吊具也要进行防止外掉的保护，要有缆绳与室内柱相连，保证不出意外。

2）当需要单元吊装与底层其他装饰项目同步施工时，其安全措施是非常必要的。需在施工层下部设置安全防护网，以防上部的落物。同时严禁在各楼层的沿口堆放材料，在各楼面放置 2m 安全警戒线。操作前必须清理任何可能带来下坠的物品，严禁高空抛物。现场施工人员必须配安全带、防滑鞋、防坠器具，以确保人身安全。

3）幕墙成品保护是十分重要的施工环节，如处理不当，经常对幕墙成品造成划伤，污染等破坏，不但给施工带来麻烦，而且带来一定的经济损失。成品保护措施主要有以下几种：

（1）用塑料薄膜对型材、玻璃内表面进行覆盖保护；

（2）在幕墙内表面张贴警告标识，如"幕墙产品贵重，请勿碰撞"等；

（3）在完成的施工区域拉设警戒带，工作面移交时交底成品保护要求；

（4）派专人在幕墙完工层反复巡视，阻止一些正在进行的破坏行为，及时修复已被划破的塑料保护膜。

10.4.5 安全、环保措施

1）单元板吊装区域的下方地面必须设置醒目的安全警戒范围，吊装区域下方地面的吊装过程必须设置专人安全监护。

2）吊装单元板现场安全员应全程跟踪监护其吊装作业工作。

3）设备监护员在吊装过程中不允许脱离岗位，如发现设备有不正常情况，必须通过对讲机通知吊装组，并停机检查。

4）在任何工作情况下，都不允许电焊与吊机的钢丝绳相接触，并且伤害钢丝绳，一旦发现钢丝绳损伤，必须报告专职安全员和相关专业人员处理。

5）认真执行工完场清制度，每一道工序完成以后，必须按要求对施工中造成的污染进行认真的清理，前后工序必须办理文明施工交接手续。

6）装修工程噪声控制，装修中各种机械设备设减振、防噪声装置；施工中采用低噪声工艺和方法，对噪声较大的加工工作尽量安排在场外仓储加工区进行。

7）吊装作业"十不吊"：

（1）超负荷或歪拉斜挂的情况不吊；

（2）在工作现场超过六级风或雨雪雷电天气时不吊；

（3）在高压输电线下不吊，氧气瓶、煤气罐等爆炸性物品周围不吊；

（4）重物带棱角没有垫好时不吊；

（5）捆绑不牢或不符合安全规定要求的不吊；

（6）当起重物上有浮物或有人时不吊；

（7）司机在酒后或精神不佳的时候不吊；

（8）作业现场视线不明，指挥信号不明时不吊；

（9）起重臂下或重物下有人时不吊；

（10）对埋在土里或冻粘在地面上的物体重量不明，以及交错挤压在一起的物体不吊。

11

框架式幕墙
施工
工艺

11.1 施工工艺流程

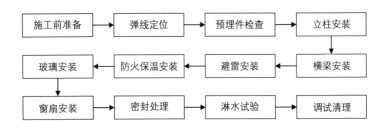

施工前准备 → 弹线定位 → 预埋件检查 → 立柱安装

玻璃安装 ← 防火保温安装 ← 避雷安装 ← 横梁安装

窗扇安装 → 密封处理 → 淋水试验 → 调试清理

11.2 施工工艺标准图

序号	施工步骤	材料、机具准备	工艺要点	效果展示
1	施工前准备	—	进入施工现场前，操作人员正确穿戴反光衣，背好安全带，戴好安全帽，戴好手套等劳保用品。根据安装批次将立柱、横梁等材料分类码放在施工区域，做好半成品保护	
2	弹线定位	水准仪、经纬仪、重锤、钢丝线	1）根据幕墙分格大样图和标高点、进出位线及轴线位置，采用重锤、钢丝线、测量器具及水平仪等工具在主体上定出幕墙平面、立柱、分格及转角等基准线，并用经纬仪进行调整、复测。 2）水平标高要逐层从地面向上引，以免误差累积	

序号	施工步骤	材料、机具准备	工艺要点	效果展示
3	预埋件检查	水准仪、经纬仪、水平尺	1.) 在测量放线的同时，对预埋件的位置偏差进行检验、定位，其上、下、左、右偏差数值不应超过 ±30mm。 2）首先由测量放样人员将分格线弹设在埋件上，通过十字定位线检查埋件左右、上下的偏差。通过竖向钢丝线检查埋件的进出尺寸。将检查结果记录下来，反馈给监理、业主、总包。若偏差较大，报设计人员出埋件修正方案	
4	立柱安装	电动扳手、电焊机	1）立柱从一侧向另一侧安装，或者从中间向两侧安装。将龙骨推入转接件内，立柱底部套入插芯，立柱孔位与转接件孔位对好，穿螺栓进行连接并初拧固定，用钢卷尺根据控制线对立柱精确测量定位，终拧螺栓进行固定。底部钢插芯与埋件焊接固定。 2）按照上述步骤安装同层第二根立柱，相邻两根立柱间距偏差控制在 1mm，同时满足第一根立柱安装偏差控制范围。立柱安装轴线偏差 ≤2mm，立柱竖向直线度偏差 2.5mm。 3）立柱外表面平面度偏差：幕墙宽度 ≤20m 时，≤5mm；幕墙宽度 ≤40m 时，≤7mm；幕墙宽度 ≤60m 时，≤9mm；幕墙宽度 >60m 时，≤10mm	

序号	施工步骤	材料、机具准备	工艺要点	效果展示
5	横梁安装	电动扳手、电焊机	1）横梁为闭口铝合金型材，通过横梁插芯与立柱连接，通过不锈钢螺杆固定在立柱上。 2）所有立柱完成后进行横梁安装；横梁安装时，首先将插芯插入横梁，将横梁放置到预定位置后，通过不锈钢螺柱在预先铣槽横梁中调整横梁插芯螺杆插入立柱，待两端位置调整精确后，移走螺柱，再通过螺钉将插芯与横梁固定。 3）单个横梁安装偏差：长度 ≤ 2m 时，≤ 1mm；长度 > 2m 时，≤ 2mm。相邻两个横梁标高偏差：≤ 1mm。横梁整体高度偏差：幕墙宽度 ≤ 35m 时，≤ 5mm；幕墙宽度 > 35m 时，≤ 7mm	
6	避雷安装	充电电钻	1）整个金属构架安装完成后，构架体系的非焊接连接处，按设计要求做防雷接地并设置均压环，使构架成为导电通路，并与建筑物的防雷系统做可靠连接。 2）防雷系统使用的钢材表面应采用热镀锌处理	

序号	施工步骤	材料、机具准备	工艺要点	效果展示
7	防火保温安装	瓦斯枪	1）保温安装 层间横梁之间背衬铁丝网固定 50mm 厚保温岩棉，外侧采用 2mm 铝合金背板衬托固定。 2）防火安装 结构梁上下端和幕墙龙骨边缘的空隙都用防火岩棉完全密封。防火棉的厚度应不小于 200mm，其他面应不小于 200mm，以满足 2h 防火要求。采用 1.5mm 厚镀锌钢板承托	
8	玻璃安装	电动扳手	1）玻璃托板安装 玻璃托板与 2mm 玻璃垫块粘在一起安装，在加工厂粘接好，用钢卷尺依据施工图节点在约 200mm 距离处放入托板，且一块玻璃限两个托板。 2）玻璃安装 （1）根据玻璃编号图将所需玻璃用平板车运至安装区域，平板车采用胶皮或其他柔软物品做好防护，安装时注意玻璃的内外片方向。 （2）玻璃安装前用干净的抹布擦拭玻璃表面的灰尘，采用电动葫芦、手动葫芦或手工方式，用电动吸盘将玻璃吸附牢固。	

序号	施工步骤	材料、机具准备	工艺要点	效果展示
8	玻璃安装	电动扳手	（3）操控人员缓缓启动电动葫芦，待离开平板车前，由2～3名地面操作人员扶住玻璃，直至玻璃变为直立状态，其中一名操作人员将平板车推离吊装区域，另一名操作人员手扶玻璃移动到安装位置。 （4）一名操作人员手扶玻璃，另一名操作人员使用手动葫芦，调整玻璃板块的位置，直至符合设计要求。将玻璃下放至托板上，横向使用压片临时固定，竖向使用压块固定，压块间距一般约为300mm，面板调直摆正后，依次紧固压块。 按照上述步骤将其余玻璃安装完成	
9	窗扇安装	电动手电钻	1）安装前应先核对窗扇规格、尺寸是否符合设计要求，与实际情况是否相符，并应进行必要的清洁。 2）安装时应采取适当的防坠落保护措施，并应注意调整窗扇与窗框的配合间隙，以保证封闭严密	
10	密封处理	胶枪、刮刀	打胶前，必须清理注胶缝，胶缝两侧面板及型材上贴美纹纸后注胶，胶缝不间断，密封胶的最小厚度应大于3.5mm（宜4.5mm以内），宽度应不小于厚度的2倍，用刮刀用力将胶刮平，揭掉美纹纸，必要时可用溶剂擦拭	

序号	施工步骤	材料、机具准备	工艺要点	效果展示
11	淋水试验	水枪、水泵	框架式幕墙安装完毕后，应按规定进行淋水试验	
12	调试清理	轨道式擦窗机、蜘蛛人清洁装置	幕墙安装完后，要对所有可开启扇逐个进行启闭调试，保证开关灵活，关闭严密、平整。最后用清洗剂对整个幕墙的表面进行全面清理，擦拭干净	

11.3 控制措施

序号	预控项目	产生原因	预控措施
1	预埋钢板位置、标高、前后偏差大，支座钢板连接处理不当，影响节点受力和幕墙的安全	1）设置预埋件时，基准位置不准。 2）设置预埋件时，控制不严。 3）设置预埋件时，钢筋绑扎不牢或不当，混凝土模板支护不当，混凝土捣固时发生胀模、偏模。 4）混凝土捣固后预埋件变位	1）预埋件固定后，按基线标高线、中心线对分格尺寸进行复查，按规定基准位置支设预埋件。 2）加强钢筋绑扎检查，在浇筑混凝土时，应经常观察及测量预埋件情况，当发生变形立即停止浇灌，进行调整、排除。 3）为了防止预埋件的尺寸、位置出现位移或偏差过大，土建施工单位与幕墙安装单位在预埋件放线定位时密切配合，共同控制各自正确尺寸，否则预埋件的质量不符合设计或规范要求，将直接影响安装质量及工程进度。 4）对已产生偏差的预埋件，要制订出合理施工方案进行处理

序号	预控项目	产生原因	预控措施
2	节点有松动或过紧现象,在外力作用下或温度变化大时产生异常响声	幕墙支座节点调整后未进行焊接,引起支点处螺栓松动;或多点连接支点上螺栓上得太紧及芯套太紧	1)在幕墙主梁安装调整完后,对所有的螺栓必须拧紧,按图纸要求采取不可拆的永久防松,对有关节点进行焊接,避免幕墙在三维方面可调尺寸内松动,其焊接要求按钢结构焊接要求执行。2)多个支座节点的情况下,副支座型材上必须设长孔,且螺栓应以拧紧到紧固而铝材又不变形为原则。3)主梁芯套与主梁的配合必须为动配合,并符合铝合金型材高精级尺寸配合要求,不能硬敲芯套入主梁内
3	在施工完毕的幕墙,对缝不平,幕面不平整,影响外观效果	1)主梁变形量大,超过铝材验收国家标准。2)玻璃切割尺寸超差。3)组框生产时,对角线超标。4)安装主梁时其垂直度达不到标准要求。5)组框和主横梁结构及材料选用有问题	1)严格控制进料关,特别是主梁的检查应严格按国家标准进行检验,不合格退货。2)加强玻璃裁割尺寸检验和控制组框尺寸,其尺寸如有超差则做退货处理。3)在注胶生产中,严格控制组框尺寸,特别要检查和控制好对角线尺寸。4)主梁安装时,调整好尺寸后再进行固定、焊接

11.4 技术交底

11.4.1 施工准备

1. 材料要求

1）玻璃：框架式幕墙必须使用安全玻璃，其品种、规格、颜色和力学、机械、光学性能应符合设计要求。中空玻璃应采用双道密封胶，用于隐框和半隐框时，双道密封胶应采用硅酮结构密封胶及丁基密封胶。

2）构架材料

（1）钢材：通常使用碳素结构钢、合金结构钢、耐候结构钢，其材料的牌号与状态、化学成分、机械性能、规格尺寸应符合设计要求，其各项机械性能应符合现行国家标准。幕墙的钢构架高度超过 40m 时，宜采用高耐候结构钢。钢材件采用冷弯薄壁型钢时，其壁厚不得小于 3.5mm。钢材表面采用热镀锌防腐处理时，其镀膜厚度应不小于 45μm。

（2）铝合金型材：应采用高精度等级铝合金型材，其色泽应均匀，表面应清洁，无皱褶、无裂纹、无腐蚀斑点、无气泡、无膜层脱落等缺陷。其精度等级、牌号与状态、化学成分、机械性能、规格尺寸、表面处理应符合现行国家标准，表面采用阳极氧化处理时，膜厚不应小于 15μm。

（3）隔热铝合金型材：一般分为穿条形式生产和浇注工艺生产两种，穿条形式生产时采用的隔热材料应为 PA66GF25（聚酰胺 66+ 玻璃纤维 25），浇注工艺生产时采用的隔热材料应为 PUR（聚氨基甲酸乙酯），严禁采用 PVC 作为隔热材料。

3）附材

（1）紧固件：幕墙采用的各类非标五金件和各种卡件、螺栓、螺钉、螺柱、螺母和抽芯铆钉等紧固件宜采用不锈钢制品，其规格、型号、机械性能应符合设计要求和现行国家标准，并应有出厂合格证。

（2）密封材料：密封胶条和橡胶制品宜采用三元乙丙橡胶或氯丁橡胶，其材质、规格、型号应符合设计要求和现行国家标准，胶条应为挤出成型制品，胶块应为压模成型制品。

（3）胶类材料：一般采用硅酮结构密封胶、硅酮耐候密封胶、防火密封胶、发泡胶和云石胶等，其规格、品种、型号和技术性能应符合设计要求和现行国家标准，应有相容性试验和环保检测报告，用于粘结时还应有粘结强度试验报告，并应有出厂合格证、性能检测报告和保质年限证书。

（4）防火、保温材料：一般采用防火棉、玻璃棉、岩棉、矿棉等，其品种、规格、型号和技术性能应符合设计要求和国家环保要求，应有出厂合格证和性能检测报告。

（5）镀锌钢板：其品种、规格和技术性能应符合设计要求和现行国家标准，并应有出厂合格证。

2. 主要机具

1）机具：双头锯、铣床、钻床、空压机、手电钻、冲击电锤、电焊机、角磨机等。

2）工具：射钉枪、拉铆钳、吸盘、胶枪、钳子、各种扳手、螺丝刀等。

3）计量检测用具：经纬仪、激光铅直仪、水准仪、钢尺、水平尺、靠尺、塞尺、线坠等。

3. 作业条件

1）主体及二次结构施工完毕，并经验收合格。

2）幕墙位置和标高基准控制点、线已测设完毕，并预检合格。

3）幕墙安装所用的预埋件、预留孔洞的施工已完成，位置正确，孔、洞内杂物已清理干净，并经验收符合要求。

4）施工用的脚手架已搭设完毕，临时用水、用电已供应到作业面，并经检验合格。

5）施工场地清理完成，作业区域内无影响幕墙安装的障碍物。

6）现场加工平台、各种加工机械设备安装调试完毕。

7）现场材料存放库已准备好，若为露天堆放场，应有防风、防雨措施。

11.4.2 操作工艺

1. 工艺流程

施工前准备→弹线定位→预埋件检查→立柱安装→横梁安装→避雷安装→防火保温安装→玻璃安装→窗扇安装→密封处理→淋水试验→调试清理。

2. 操作要点

1）施工前准备

（1）熟悉施工图纸及设计说明，校核各洞口的位置、尺寸及标高是否符合设计要求，发现问题及时解决。

（2）根据设计要求，结合现场实际尺寸进行材料翻样，并委托加工订货。

（3）进行各种材料进场验收，收集产品合格证、检测报告等质量证明文件，并报验。

（4）对施工中用到的各种胶进行相容性试验、粘结强度试验和环保检测工作。

（5）做框架式幕墙安装样板，经各方单位检验合格并签认。

（6）编制施工方案，对操作人员进行安全技术交底。

2）弹线定位：根据幕墙分格大样图和结构施工标高、轴线的基准控制点、线，重新测设幕墙施工的各条基准控制线。放线时应按设计要求的定位和分格尺寸，先在首层的地、墙面上测设定位控制点、线，然后用经纬仪或激光铅垂仪在幕墙四周的大角、各立面的中心向上引垂直控制线和立面中心控制线，各大角用钢丝吊重锤作为施工线。用水准仪和标准钢尺测设各层水平标高控制线，水平标高应从各层建筑标高控制线引入，以免造成各层幕墙窗口高度不一致，测量时应注意分配误差，不能使误差累积，最后按设计大样图和测设的垂直、中心、标高控制线，弹出横、竖构架、分格及转角的安装位置线。施工过程中要对各条控制线定时校核，以确保幕墙垂直度和各部分位置尺寸的准确无误。

3）预埋件检查：预埋件由钢板或型钢加工制作而成，在结构施工时，按照设计提供的预埋件位置图准确埋入结构内。幕墙施工前要按各控制线对预埋件进行检查，一般位置尺寸允许偏差为 ±20mm，标高允许偏差为 ±10mm。对于位置超差、结构施工时漏埋或设计变更未埋的埋件，应按设计要求进行处理或补做后置埋件，后置埋件必须使用化学锚栓，不得采用膨胀螺栓，并应做拉拔试验检测，同时做好施工记录。

4）立柱安装：立柱一般采用铝合金型材或型钢，其材质、规格、型号应符合设计要求。首先按施工图和测设好的立柱安装位置线，将同一立面靠大角的立柱安装固定好，然后拉通线按顺序安装中间立柱。立柱安装一般应先按线把角码固定到预埋件上，再将立柱用两个直径不小于10mm的螺栓与角码固定。立柱安装完后应进行调整，使相邻两立柱标高偏差不大于3mm，左右位置偏差不大于3mm，前后偏差不大于 2mm，垂直度满足要求。调整完成后将立柱与角码、角码与埋件固定牢固，并进行全面检查。立柱与角码的材质不同时，应在其接触面加垫隔离垫片，参见下图。

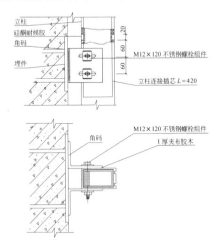

立柱安装示意图

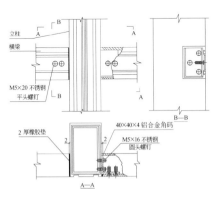

横梁与立柱组装示意图

5）横梁安装：横梁一般采用铝合金型材，其材质、规格、型号应符合设计要求。立柱安装完成后先用水平尺将各横梁位置线引至立柱上，再按设计要求和横梁位置线安装横梁。横梁与立柱应垂直，横梁与立柱之间应采用螺栓连接或通过角码后用螺钉连接，每处连接点螺栓不得少于 2 条，螺钉不得少于 3 个且直径不得小于 4mm。安装时在不同金属材料的接触面处应采用绝缘垫片分隔，以防发生电化学反应，参见上图。

6）避雷安装：幕墙的整个金属构架安装完后，构架体系的非焊接连接处，应按设计要求做防雷接地并设置均压环，使构架成为导电通路，并与建筑物的防雷系统做可靠连接。导体与导体、导体与构架的连接部位应清除非导电保护层，相互接触面材质不同时，应采取措施防止因电化学反应腐蚀构架材料（一般采取涮锡或加垫过渡垫片等措施）。明敷接地线一般采用 ϕ8 以上的镀锌圆钢或 3mm×25mm 的镀锌扁钢，也可采用不小于 25mm^2 的编织铜线。一般接地线与铝合金构件连接宜使用不小于 M8 的镀锌螺栓压接，接地圆钢或扁钢与钢埋件、钢构件采用焊接进行连接，圆钢的焊缝长度不小于 10 倍的圆钢直径，双面焊，扁钢搭接不小于 2 倍的扁钢宽度，三面焊，焊完后应进行防腐处理。防雷系统的接地干线和暗敷接地线，应采用 ϕ10 以上的镀锌圆钢或 4mm×40mm 以上的镀锌扁钢。防雷系统使用的钢材表面应采用热镀锌处理。

7）防火保温安装：将防火棉填塞于每层楼板、每道防火分区隔墙与幕墙之间的空隙中，上、下或左、右两面用镀锌钢板封盖严密并固定，防火棉填塞应连续严密，中间不得有空隙。保温材料安装时，为防止保温材料受潮失效，一般采用铝箔或塑料薄膜将保温材料包扎严密后再安装。

保温材料安装应填塞严密、无缝隙，与主体结构外表面应有不小于 50mm 的空隙。防火、保温材料的安装应严格按设计要求施工，固定防火、保温材料的衬板安装应固定牢固。不宜在雨、雪或大风天气进行防火、保温的安装施工，见下图。

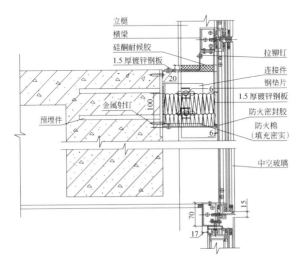

防火棉安装示意图

8）玻璃安装：通常情况下，框架式玻璃幕墙的玻璃直接固定在铝合金构架型材上，铝合金型材在挤压成型时，已将固定玻璃的凹槽随同整个断面形状一次成型，所以安装玻璃很方便。玻璃安装时，玻璃与构件不应直接接触，应使用弹性材料隔离，玻璃四周与构件槽口底应保持一定的空隙，每块玻璃下部应按设计要求安装一定数量的定位垫块，定位垫块的宽度应与槽口相同，玻璃定位后应及时嵌塞定位卡条或橡胶条。

9）窗扇安装：安装前应先核对窗扇规格、尺寸是否符合设计要求，与实际情况是否相符，并应进行必要的清洁。安装时应采取适当的防坠落保护措施，并应注意调整窗扇与窗框的配合间隙，以保证封闭严密。

10）密封处理：玻璃及窗扇安装、调整完毕后，应按设计要求进行嵌缝密封，设计无要求时，宜选用中性硅酮耐候密封胶。嵌缝时先将缝隙清理干净，确保粘结面洁净、干燥，再在缝隙两侧粘贴纸面胶带，然后进行注胶，并边注胶边用专用工具勾缝，使成型后的胶面呈弧形凹面且均匀无流淌，多余的胶液应及时用清洁剂擦净，避免污染幕墙表面。

11）淋水试验：框架式幕墙安装完毕后，应按规定进行淋水试验，试验时间、水量、水头压力等应符合现行国家标准《建筑幕墙气密、水密、抗风压性能检测方法》GB/T 15227 的规定。

12）调试清理：幕墙安装完后，要对所有可开启扇逐个进行启闭调试，保证开关灵活，关闭严密、平整。最后用清洗剂对整个幕墙的表面进行全面清理，擦拭干净。

11.4.3 质量标准

1. 保证项目

1）框架式玻璃幕墙所用的各种材料、构件和组件的质量，应符合设计要求及国家现行产品标准。

检验方法：检查材料、构件、组件的产品合格证、进场检验记录、性能检测报告和材料的复验报告。

2）框架式玻璃幕墙的造型和立面分格应符合设计要求。

检验方法：观察；尺量检查。

3）框架式玻璃幕墙使用的玻璃应符合下列规定：

（1）应使用安全玻璃，玻璃的品种、规格、颜色、光学性能及安装方向应符合设计要求；

（2）玻璃的厚度不应小于 6.0mm；

（3）中空玻璃应采用双道密封。明框幕墙的中空玻璃应采用聚硫密封胶及丁基密封胶；隐框和半隐框幕墙的中空玻璃应采用硅酮结构密封胶及丁基密封胶；镀膜面应在中空玻璃的第 2 或第 3 面上；

（4）夹层玻璃应采用聚乙烯醇缩丁醛酯（PVB）胶片干法加工合成的夹层玻璃；

（5）钢化玻璃表面不得有损伤；8mm 以下的钢化玻璃应进行引爆处理；

（6）所有玻璃均应进行边缘处理。

检验方法：观察；尺量检查；检查施工记录。

4）框架式玻璃幕墙的玻璃装配应符合下列规定：

（1）构件槽口与玻璃的配合尺寸应符合设计要求和相关技术标准的规定。

（2）玻璃与构件不得直接接触，玻璃四周与构件凹槽的槽底应保持一定空隙，每块玻璃下部应至少放置两块宽度与槽口相同、长度不小于 100mm 的弹性定位垫块，玻璃两边的嵌入量和空隙应符合设计要求。

（3）玻璃四周胶条的材质、规格、型号应符合设计要求，嵌填应平整，胶条长度应比边框内槽长 1.5% ~ 2.0%，胶条在转角处应斜面断开，并用胶粘剂粘结牢固后嵌入槽内。

（4）检验方法：观察；检查施工记录。

5）框架式玻璃幕墙的框架体系及与主体结构连接的各种预埋件、

连接件、紧固件必须安装牢固，其数量、规格、位置、连接方法和防腐处理应符合设计要求。

检验方法：观察；检查隐蔽工程验收记录和施工记录。

6）各种连接件、紧固件的螺栓应有防松动措施；焊接连接应符合设计要求和焊接规范的规定。

检验方法：观察；检查隐蔽工程验收记录和施工记录。

7）隐框和半隐框幕墙，每块玻璃下端应设置两个铝合金或不锈钢托条，其长度不应小于 100mm，厚度不应小于 2mm，托条外端应低于玻璃外表面 2mm。

检验方法：观察；检查施工记录。

8）框架式玻璃幕墙的四周、幕墙内表面与主体结构之间的连接节点、各种变形缝、墙角的连接节点应符合设计要求和技术标准的规定。

检验方法：观察；检查隐蔽工程验收记录和施工记录。

9）框架式玻璃幕墙应无渗漏。

检验方法：在易渗漏部位进行淋水检查。

10）框架式玻璃幕墙结构胶和密封胶的打注应饱满、密实、连续、均匀、无气泡，宽度和厚度应符合设计要求和技术标准的规定。

检验方法：观察；尺量检查；检查施工记录。

11）框架式玻璃幕墙开启扇的配件应齐全，安装应牢固，安装位置和开启方向、角度应正确；开启应灵活，关闭应严密。

检验方法：观察；手扳检查；开启和关闭检查。

12）框架式玻璃幕墙的防雷装置必须与主体结构的防雷装置可靠连接。

检验方法：观察；检查隐蔽工程验收记录和施工记录。

2. 基本项目

1）幕墙表面应平整、洁净；整幅玻璃的色泽应均匀一致；不得有污染和镀膜损坏。

检验方法：观察。

2）每平方米玻璃的表面质量和检验方法见下表。

项目	质量要求	检验方法
明显划伤和长度 > 100mm 的轻微划伤	不允许	观察
长度 ≤ 100mm 的轻微划伤	≤ 8 条	用钢尺检查
擦伤总面积	≤ 500mm²	用钢尺检查

3）一个分格铝合金型材的表面质量和检验方法见下表。

项目	质量要求	检验方法
明显划伤和长度 > 100mm 的轻微划伤	不允许	观察
长度 ≤ 100mm 的轻微划伤	≤ 2 条	用钢尺检查
擦伤总面积	≤ 500mm²	用钢尺检查

4）框架式明框玻璃幕墙的外露框或压条应横平竖直，颜色、规格应符合设计要求，压条安装应牢固。

检验方法：观察；手扳检查；检查进场验收记录。

5）框架式玻璃幕墙的密封胶缝应横平竖直、深浅一致、宽窄均匀、光滑顺直。

检验方法：观察；手摸检查。

6）防火、保温材料填充应饱满、均匀，表面应密实、平整。

检验方法：检查隐蔽工程验收记录。

7）框架式玻璃幕墙隐蔽节点的遮封装修应牢固、整齐、美观。

检验方法：观察；手扳检查。

8）框架式明框玻璃幕墙安装的允许偏差和检验方法见下表。

项目		允许偏差（mm）	检验方法
幕墙垂直度	幕墙高度≤30m	10	用经纬仪检查
	30m＜幕墙高度≤60m	15	
	60m＜幕墙高度≤90m	20	
	幕墙高度＞90m	25	
幕墙水平度	幕墙幅宽≤35m	5	用水平仪检查
	幕墙幅宽＞35m	7	
构件直线度		2	用2m靠尺和塞尺检查
构件水平度	构件长度≤2m	2	用水平仪检查
	构件长度＞2m	3	
相邻构件错位		1	用钢直尺检查
分格框对角线长度差	对角线长度≤2m	3	
	对角线长度＞2m	4	

9）框架式隐框、半隐框玻璃幕墙安装的允许偏差和检验方法见下表。

项目		允许偏差（mm）	检验方法
幕墙垂直度	幕墙高度 ≤ 30m	10	经纬仪检查
	30m < 幕墙高度 ≤ 60m	15	
	60m < 幕墙高度 ≤ 90m	20	
	幕墙高度 > 90m	25	
幕墙水平度	层高 ≤ 3m	3	水平仪检查
	层高 > 3m	5	
板材立面垂直度		2	垂直检测尺检查
板材上沿水平		2	1m 水平尺和钢直尺检查
相邻板材板角错位		1	钢直尺检查
阳角方正		2	直角检测尺检查
接缝直线度		3	拉 5m 通线或钢直尺
接缝高低差		1	钢直尺和塞尺检查
接缝宽度		1	钢直尺检查

11.4.4 成品保护

（1）玻璃、构件及其他附材进场后应入库存放，码放整齐，露天存放时应进行苫盖。玻璃放置必须稳妥，保证不被风吹、日晒、雨淋，不发生翻倒。

（2）框架式玻璃幕墙的后置埋件、构架安装时，应避免损伤结构预应力筋和受力钢筋。

（3）幕墙附近进行焊接作业时，应对火花溅及范围内进行全面遮挡覆盖保护，防止烫伤玻璃。

（4）施工中应注意保护铝合金构件的保护膜，如有脱落要及时贴好，并避免锐器及腐蚀性物质与幕墙表面接触，防止划伤、污染构件表面和玻璃。

（5）安装完成后，易碰触部位应设围挡进行防护，并应在幕墙外侧 0.5 ～ 1m 处设置围护栏杆，悬挂警示牌，玻璃上还应设置醒目标志，必要时应设专人看护。

（6）整个施工过程应对构件的槽口部位进行保护，防止损坏后影响安装质量。

（7）测量放线、防火保温安装、注胶、清洗应在风力不大于四级的情况下进行作业，并采取避风措施。

11.4.5 安全、环保措施

（1）施工中应做到活完脚下清，包装材料、下脚料应集中存放，并及时回收。

（2）防火、保温、油漆及胶类材料应符合环保要求，现场应封闭保存，使用后不得随意丢弃，避免污染环境。

（3）施工前对操作人员应进行安全教育，经考试合格后方可上岗操作。

（4）进入施工现场应戴好安全帽，高处作业时应系好安全带，特殊工种操作人员必须持证上岗，各种机具、设备应设专人操作。

（5）每班作业前应对脚手架、操作平台、吊装机具的可靠性进行检查，发现问题及时解决。

（6）进行焊接作业时，应严格执行现场用火管理制度，现场高处焊接时，下方应设防火斗，并配备灭火器材，防止发生火灾。

（7）高空作业时，严禁上下抛掷工具、材料及下脚料。

（8）雨、雪天和四级以上大风天气，严禁进行幕墙安装施工及吊运材料作业。

（9）防火、保温材料施工的操作人员，应戴口罩，穿防护工作服。

12

12

水性涂料涂饰工程

12.1 施工工艺流程

基层清理 ➔ 刮腻子 ➔ 涂料调配及涂刷

12.2 施工工艺标准图

序号	施工步骤	材料、机具准备	工艺要点	效果展示
1	基层清理	水性涂料、砂纸、羊毛滚筒、海绵滚筒、配套专用滚筒、匀料板、手持喷枪、喷斗、各种规格口径喷嘴、高压胶管	1）混凝土和抹灰墙面用腻子进行批嵌。白灰墙面需用0~2号砂纸打磨。 2）首先对石膏板、木夹板等基层墙面的螺钉进行防锈处理，再用专用腻子批嵌接槎处和钉眼处。 3）旧墙面应清除浮灰，铲除起砂、翘皮、油污、疏松起壳等部位，除去残留的涂膜后，将墙面清洗干净再做修补	
2	刮腻子		1）局部刮腻子干燥后，用0~2号砂纸人工或者机械打磨平整。 2）第一遍满刮用稠腻子，做到凸处薄刮，凹处厚刮，大面积找平。待第一遍腻子干透后，用0~2号砂纸打磨平整并扫净。 3）第二遍满刮用稀腻子找平，并做到线角顺直、方正。待第二遍腻子干透后，用砂纸打磨平整并扫净，所用砂纸宜细，以打磨后不显砂纹为准	

序号	施工步骤	材料、机具准备	工艺要点	效果展示
3	涂料调配及涂刷	水性涂料、砂纸、羊毛滚筒、海绵滚筒、配套专用滚筒、匀料板、手持喷枪、喷斗、各种规格口径喷嘴、高压胶管	1）涂料调配 根据品牌产品说明书稀释涂料。 2）涂饰底层涂料 （1）涂料的施工方法主要有辊涂和喷涂两种。墙面应喷涂均匀。 （2）滚涂和刷涂时，应充分盖底，不透虚影，表面均匀。喷涂时，应控制涂料黏度、喷枪的压力，保持涂层均匀，不露底、不流坠、色泽均匀。 （3）对于干燥较快的涂饰材料，大面积涂饰时，应由多人配合操作，处理好接槎部位。 3）第一遍面层涂料 内墙涂料施工的顺序是先左后右、先上后下、先难后易、先边后面。采用喷涂时，喷枪与墙面应保持垂直，距离宜在500mm左右，匀速平行移动。 4）第二遍面层涂料 水性涂料施工，后一遍涂料必须在前一遍涂料表干后进行	

12.3 控制措施

序号	预控项目	产生原因	预控措施
1	涂料流坠	基层过湿或表面太光滑，吸水少；涂料本身黏度过低或兑水过多；一次施涂太厚，流坠的发生与涂膜厚度的3次方成正比；涂料里含有较多密度大的颜料、填料；墙面、顶棚等转角部位未采取遮盖措施，致使先后刷的涂料在转角部位叠加过厚而流坠；涂料施工前未搅拌均匀	1）施涂过程中，勤检查，发现流坠应暂停施涂，立即将流坠顺平。 2）涂膜干燥后的流坠应用砂纸打磨平整，再重新施涂一遍。 3）面积较大，数量较多的弹涂流坠点，可用不同颜色的色点覆盖分解。 4）面积较小、数量不多的弹涂流坠点，可用小铲尖将其剔掉后，用不同颜色的色点局部覆盖
2	刷纹现象	油漆太稠，干燥太快及流平性差，油漆刷不开或刷上后来不及流平即干燥，不再流淌，漆膜硬干后仍留下漆刷刷过的线条、痕迹	1）加强施工自检，应在刷纹未干之前，尽早顺平。 2）涂膜干燥之后，应用砂纸打磨平整，重新施涂
3	饰面不均匀	涂料黏度不够，施涂蘸料过多；涂饰面凹凸不平，在凹处积料太多，施工时气温太高，成膜中流动性太大；涂料的密度大，在涂料中含有密度大的填料	白色或浅色的表面缺陷，可作局部修补。深色面层，若局部修补容易造成明显的色差，应在铲平积痕、疙瘩后，全面满刮腻子，重做面层
4	涂膜发花、开裂	混色涂料的混合颜料中，各种颜料的比密度较大；油刷的毛太粗硬；使用涂料时，未将已沉淀的颜料搅匀；涂膜干后，硬度过高，柔韧性较差；涂层过厚，表干里不干；催干剂用量过多或各种催干剂搭配不	1）浅色涂料可局部修补，深色涂料修补后，涂层叠加，容易出现色差；应全面满刮腻子后，重新施涂面层。 2）浅色及轻度开裂的缺陷，可局部加涂面涂一遍，掩盖裂纹。

装饰装修及屋面施工工艺操作口袋书

序号	预控项目	产生原因	预控措施
4	涂膜发花、开裂	当；受有害气体的侵蚀，如二氧化硫、氨气等；木材的松脂未除净，在高温下易渗出涂膜而产生龟裂；彩色涂料在使用前未搅匀；面层涂料中的挥发成分太多，影响成膜的结合力；在软而有弹性的基层上涂刷稠度大的涂料	3）深色或较严重的开裂，应在查明原因之后，铲除"病膜"，满刮腻子，重涂面层
5	变色、褪色、粉化	被涂料表面有残留的处理液；过度烘烤，或炉内有挥发性气体；施工中混入其他颜色的粉料	1）在基层质量保证的前提下，全面积满刮腻子，重做面层。2）涂膜出现粉化，已失去装饰和保护作用，搞清原因之后，返工重做
6	涂膜发霉	气温较高；空气中湿度较大	查清发霉原因后，将发霉部位彻底消除干净（严重发霉或要求高的宜喷砂处理至显露基层），然后用商品防霉洗液或7%～10%的 Na_3PO_4 水溶液刷涂2～3遍，彻底杀灭残余霉菌。待干透后，再涂刷具有防霉、防菌性能的涂料
7	涂膜鼓泡、剥落	基层处理不当，没有完全除去表面的油垢、锈垢、水汽、灰尘或化学药品等；在潮湿或被污染的砖、石和水泥基层上涂饰，涂料与基层粘结不良；每遍涂膜太厚，底层涂料的硬度过大，涂膜表面光滑，使底层涂料和面层涂料的结合力较差；在粉状易碎面上涂刷涂料，如水性涂料表面；涂膜下有晶化物形成	1）轻度的鼓泡在排除外因（渗漏、潮湿）条件下，可注入改性环氧树脂黏合修补。2）严重的涂膜鼓泡、剥落已失去装饰和保护作用，应在查明原因之后，对症下药，返工重做。外墙涂料饰面一般均应设置分格缝，不同颜色的分块容易在分格缝部位交叉沾污。目前较好的方法是采用商品（带凹槽的）塑料条，在墙面抹灰时预埋、嵌固在抹灰层里

12.4 技术交底

12.4.1 施工准备

1. 材料准备

1）水性涂料：合成树脂乳液内墙涂料、合成树脂乳液外墙涂料、合成树脂乳液砂壁状建筑涂料、外墙无机建筑涂料、复层建筑涂料等。

2）各种材料进场后必须经总包方验收后方可上报监理，监理同意后方可使用。

2. 主要机具

1）机械设备

喷涂设备、空气压缩机、搅拌机。

2）施工工具

（1）刷涂工具：涂刷、排笔、料桶等。

（2）滚涂工具：羊毛滚筒、海绵滚筒、配套专用滚筒及匀料板等。

（3）滚压工具：塑料滚筒、铁制压板等。

（4）喷涂工具：手持喷枪、喷斗、各种规格口径喷嘴、高压胶管等。

3）计量设备

水准仪、经纬仪、靠尺、塞尺、钢卷尺、水平尺等。

3. 作业条件

1）抹灰、吊顶、地面、门窗、细部及机电工程等已完成并验收合格。

2）外墙面涂饰时，脚手架或吊篮搭设完毕。

3）涂饰工程施工的环境温度应在 5 ～ 35℃之间，空气相对湿度宜小于 85%。

12.4.2 操作工艺

工艺流程：基层清理→刮腻子→涂料调配及涂刷。

具体工艺详见12.2。

12.4.3 质量标准

1. 主控项目

（1）水性涂料涂饰工程所用涂料的品种、型号和性能应符合设计要求及国家现行标准的有关规定。

检验方法：检查产品合格证书、性能检验报告、有害物质限量检验报告和进场验收记录。

（2）水性涂料涂饰工程的颜色、光泽、图案应符合设计要求。

检验方法：观察。

（3）水性涂料涂饰工程应涂饰均匀、粘结牢固，不得漏涂、透底、开裂、起皮和掉粉。

检验方法：观察；手摸检查。

2. 一般项目

（1）薄涂料的涂饰质量和检验方法应符合下表的规定。

项次	项目	普通涂饰	高级涂饰	检验方法
1	颜色	均匀一致	均匀一致	观察
2	光泽、光滑	光泽基本均匀，光滑无挡手感	光泽均匀一致，光滑	
3	泛碱、咬色	允许少量轻微	不允许	
4	流坠、疙瘩	允许少量轻微	不允许	
5	砂眼、刷纹	允许少量轻微砂眼、刷纹通顺	无砂眼，无刷纹	

（2）厚涂料的涂饰质量和检验方法应符合下表的规定。

项次	项目	普通涂饰	高级涂饰	检验方法
1	颜色	均匀一致	均匀一致	观察
2	光泽	光泽基本均匀	光泽均匀一致	
3	泛碱、咬色	允许少量轻微	不允许	
4	点状分布	—	疏密均匀	

（3）复层涂料的涂饰质量和检验方法应符合下表的规定。

项次	项目	质量要求	检验方法
1	颜色	均匀一致	观察
2	光泽	光泽基本均匀	
3	泛碱、咬色	不允许	
4	喷点疏密程度	均匀，不允许连片	

（4）涂层与其他装修材料和设备衔接处应吻合，界面应清晰。

检验方法：观察。

（5）墙面水性涂料涂饰工程的允许偏差和检验方法应符合下表的规定。

项次	项目	允许偏差（mm）					检验方法
		薄涂料		厚涂料		复层涂料	
		普通涂饰	高级涂饰	普通涂饰	高级涂饰		
1	立面垂直度	3	2	4	3	5	用2m垂直检测尺检查
2	表面平整度	3	2	4	3	5	用2m靠尺和塞尺检查
3	阴阳角方正	3	2	4	3	4	用200mm直角检测尺检查

项次	项目	允许偏差（mm）					检验方法
		薄涂料		厚涂料		复层涂料	
		普通涂饰	高级涂饰	普通涂饰	高级涂饰		
4	装饰线、分色线直线度	2	1	2	1	3	拉 5m 线，不足 5m 拉通线，用钢直尺检查
5	墙裙、勒脚上口直线度	2	1	2	1	3	拉 5m 线，不足 5m 拉通线，用钢直尺检查

12.4.4 成品保护

（1）每遍涂料后都应将门窗用风钩或木楔固定，防止扇、框的涂料粘结而影响质量和美观。

（2）及时清理去除滴落在地面、窗台及墙上的涂料。

（3）涂料施工完毕，应有专人负责看管，禁止触摸。

（4）在外墙涂料施工进行中，如遇气温下降、暴晒、大风、雨雪，应采取必要的措施加以保护。

（5）门窗、踢脚板等部位采用纸胶带保护，已完成地面采取覆盖措施，避免污染。

（6）拆除脚手架时，应不得碰坏涂层。

12.4.5 安全、环保措施

1. 安全措施

（1）料房与建筑物必须保持一定的安全距离，要有严格的管理制度，有专人负责。

（2）库房内严禁烟火，并有明显的标志，配备足够的消防器材。

（3）库房内的稀释剂和易燃涂料必须堆放在安全处，不得放在入口和通道处。

（4）喷涂场地的照明灯应用玻璃罩保护，以防灯泡沾上漆雾而引起爆炸。熬胶、熬油时，应清除周围的易燃物和火源，并应配备相应的消防设施。

（5）高空作业时，防护用品必须穿戴整齐。应有足够强度的安全带，并将绳子牢系在坚固的建筑结构或金属结构架上。严禁上下同时垂直作业。

（6）电动工具使用时，不得拖拽工具导线，严禁拉导线拔插头；电动工具不使用时、维修及更换附件之前，必须切断电源。

2. 环保措施

（1）施工现场必须具有良好的通风条件，在通风条件不良的情况下，必须安置临时通风设备。

（2）作业人员，应戴橡胶手套、口罩和防护眼镜。

（3）应用低噪声机械设备，并采取防噪声措施。

（4）施工前，地面应覆盖，防止涂料泄漏。

（5）施工中，应采取防尘措施。

（6）施工后，剩余的油漆、稀料、漆刷、砂纸等应集中堆放和处理，涂料包装材料进行集中回收处理。

（7）施涂工具使用完毕后，应及时清洗或浸泡在加盖的容器内。

13

13 溶剂型涂料涂饰工程

13.1 施工工艺流程

基层清理 → 刷底子油 → 刮腻子 → 涂料调配及涂刷

13.2 施工工艺标准图

序号	施工步骤	材料、机具准备	工艺要点	效果展示
1	基层清理	溶剂型涂料、砂纸、羊毛滚筒、海绵滚筒、配套专用滚筒、匀料板、手持喷枪、喷斗、各种规格口径喷嘴、高压胶管	1）混凝土和抹灰墙面用腻子进行批嵌。白灰墙面需用0～2号砂纸打磨。 2）首先对石膏板、木夹板等基层墙面的螺钉进行防锈处理，再用专用腻子批嵌接槎处和钉眼处。 3）旧墙面应清除浮灰，铲除起砂、翘皮、油污、疏松起壳等部位，除去残留的涂膜后，将墙面清洗干净再做修补	
2	刷底子油		按涂刷次序涂刷，涂刷均匀	
3	刮腻子		1）局部刮腻子干燥后，用0～2号砂纸人工或者机械打磨平整。	

序号	施工步骤	材料、机具准备	工艺要点	效果展示
3	刮腻子		2）第一遍满刮用稠腻子，做到凸处薄刮，凹处厚刮，大面积找平。待第一遍腻子干透后，用0～2号砂纸打磨平整并扫净。 3）第二遍满刮用稀腻子找平，并做到线角顺直、方正。待第二遍腻子干透后，用砂纸打磨平整并扫净，所用砂纸宜细，以打磨后不显砂纹为准	
4	涂料调配及涂刷	溶剂型涂料、砂纸、羊毛滚筒、海绵滚筒、配套专用滚筒、匀料板、手持喷枪、喷斗、各种规格口径喷嘴、高压胶管	1）涂料调配 根据品牌产品说明书稀释涂料。 2）涂饰底层涂料 涂料的施工方法主要有刷涂和喷涂两种。涂刷油灰时待油灰达到一定强度后进行，并盖过油灰0.5～1.0mm。采用喷涂时，喷枪与墙面应保持垂直，距离宜在500mm左右，匀速平行移动。 3）第一遍面层涂料 内墙涂料施工的顺序是先左后右、先上后下、先难后易、先边后面。采用喷涂时，喷枪与墙面应保持垂直，距离宜在500mm左右，匀速平行移动。 4）第二遍面层涂料 溶剂型涂料施工，后一遍涂料必须在前一遍涂料表干后进行。	

13.3 控制措施

序号	预控项目	产生原因	预控措施
1	油漆流坠	基层过湿或表面太光滑，吸水少；涂料本身黏度过低或兑水过多；一次施涂太厚，流坠的发生与涂膜厚度的3次方成正比；涂料中含有较多密度大的颜料、填料；墙面、顶棚等转角部位未采取遮盖措施，致使先后刷的涂料在转角部位叠加过厚而流坠；涂料施工前未搅拌均匀	1）涂刷时应勤检查，及时发现流坠，及时清除和调整涂刷工艺。 2）流痕未干时，即用漆刷轻轻地将流痕刷平。油漆黏度过大，酚醛、脂胶、钙脂漆类出现流坠，可立即用净刷蘸松节油在流坠部位刷一次，使流坠重新溶解，然后用漆刷将流坠推开刷平；醇酸漆类出现流坠，可用醇酸稀释液将流坠润溶后，再推开刷平；喷漆流坠，可用同类溶剂将之擦除，再重新喷涂。 3）漆膜未完全干燥，在一个边或一个面部位出现流坠，可用铲刀（开刀）将多余的油漆铲除后，再对该边或面用同样的油漆满刷一遍即可。 4）如漆膜已完全干燥，对于轻微的油漆流坠，可以用砂纸将流坠漆膜打磨平整；对于大面积的油漆流坠，可用水砂纸磨平或用铲刀（开刀）铲除干净，并在修补腻子后，再满刷油漆一遍
2	慢干和回黏	室内通风能力差，温度较低	1）漆膜有较轻微的慢干或回黏弊病，可加强通风，适当增加温度，加强保护，再观察数日，如确实不能干燥结膜，再作处理。 2）慢干或回黏严重的漆膜，要用脱漆剂洗掉刮净，再重新涂漆
3	涂膜粗糙、表面起粒	喷涂环境不达标，清洁度不够，湿度太低；涂料的过滤不佳，黏度过高；喷枪或枪体等没有做好清洁；喷涂时膜厚太薄	1）漆膜出现颗粒，一般应待漆膜彻底干燥后，用细水砂纸蘸温肥皂水，仔细将颗粒打平、打滑、抹干水分、擦净灰尘（为避免划伤表面、遗留粉尘，不可使用普通砂纸干磨），在保证漆料质量的前提下，重新涂饰一遍。硝基漆面可用棉纱团蘸稀释的硝基漆擦涂几次，再抛光处理。

序号	预控项目	产生原因	预控措施
3	涂膜粗糙、表面起粒		2）对于高级装修，可使用水砂纸或砂蜡打磨平整，最后上光蜡（汽车光蜡）或使用抛光膏出亮，消除粗糙弊病，提高漆膜的光滑及柔和感
4	漆膜皱纹	漆液涂层太厚，当漆液具有良好的干燥性能时，厚涂层的表面先干燥成膜，内层漆膜被隔绝了空气，以致外干内不干或内层干得过慢，内外不是同时干燥成膜，因表面张力的作用而起皱	对于已产生皱纹的漆膜，应待漆膜完全干燥后，用水砂纸轻轻将皱纹打磨平整，皱纹较严重不能磨平的，需用腻子找平凹陷部位，再做一遍面漆
5	橘皮	喷涂压力太大，喷枪口径太小，涂料黏度过大，喷枪与喷涂面的间距不当；低沸点的溶剂用量太多，挥发迅速，在静止的液态涂膜中产生强烈的静电现象，使涂层出现半圆形凹凸不平的皱纹状，未等流平，表面已干燥形成橘皮；施工湿度过高或过低，涂料中混有水分	有橘皮弊病的漆膜，用水砂纸将凸起部位磨平，凹陷部位抹补腻子，再满涂饰一遍面漆
6	漆膜起泡	木材、水泥等基层含水率过高；木材本身含有芳香油或松脂，当其自然挥发时；耐水性低的涂料用于浸水物体的涂饰，油腻子或底层涂料未干时施涂面层涂料；金属表面处理不佳，凹陷	1）木质面上的油漆。查清楚产生气泡的原因并予以根除，将有问题的漆膜全部清除后，涂刷优质漆料。对旧有漆层进行处理时，为防止潮气渗入，宜使用溶剂型除漆剂或采用烧除法清除漆膜。清除后打磨表面，特别是旧漆层的边缘部位，应将接缝、钉孔等部位填塞严密，然后涂刷耐水漆料。

序号	预控项目	产生原因	预控措施
6	漆膜起泡	处积聚潮气或有铁锈，使涂膜附着不良而产生气泡；喷涂时，压缩空气中有水蒸气，与涂料混在一起；涂料的黏度较大，抹涂时易夹带空气进入涂层；施工环境温度太高或日光强烈照射，使底层未干透，遇雨水后又涂面层涂料，则底层涂料干结时产生气体使面层涂膜顶起；涂料涂刷太厚，涂膜表面已干燥而稀释剂还未完全蒸发，则将涂膜顶起，形成气泡	2）新砖石、混凝土、抹灰面上的油漆将开裂、凸起的漆膜刮至完好漆膜的边缘，然后放置一段时间，让其干燥。当两面都涂有漆料，裸露部位较小，不利于潮气散发时，可采用加热措施缩短其干燥时间。重新涂刷前应全面积涂刷耐碱封闭底漆。 3）旧砖石、混凝土、抹灰面上的油漆。查清楚产生潮湿的原因并将其根除，然后修复建筑物有问题的部位；将开裂起泡的漆膜清除掉，待基体（基层）充分干燥后再涂刷耐碱封闭底漆及面漆。 4）钢铁面上的油漆。将漆膜刮除后，清除表面的锈蚀，特别是锈斑的凹坑部位。宜用火焰清除法清除锈蚀，以利潮气驱散。清除后应在表面冷却前涂刷防锈底漆，然后涂刷配套面漆。 5）金属面上的油漆。将有毛病的漆膜铲除后，将底面清理干净，然后在较低的温度条件下涂刷底漆和面漆。在易受高温影响的金属面上，涂刷专用的耐热底漆、中间漆层、面漆或金属涂料
7	漆膜倒光、发白	在喷涂施工中，由于油水分离器失效，而把水分带进涂料中，快干挥发性涂料不会发白，当快干挥发性涂料在低温、高湿度（80%）的条件下施工，使部分水汽凝聚在涂膜表面而形成白雾；	1）漆膜倒光，可用远红外线照射，促使漆膜干燥；也可待漆膜水分蒸发后，倒光自行消失，但时间较长。 2）在倒光的漆膜表面，涂一薄层加有防潮剂的漆料。 3）虫胶漆的漆膜上若出现白雾（可能是受潮引起，也可能是被热水烫的），可以将漆膜表面清洗干净，用酒精刷一遍，放在干燥的地方让

序号	预控项目	产生原因	预控措施
7	漆膜倒光、发白	凝聚在湿涂膜上的水汽，使涂膜中的树脂或高分子聚合物部分析出，而引起涂料的涂膜发白，基层潮湿或工具内带有大量水分	其自然干燥，白雾一般便会消失。如果白雾严重，刷完酒精后可点火烧去酒精，以去除漆膜内的水分。酒精不可刷得太多，以防止发生鼓泡的现象，最后加涂醇酸清漆 1 ~ 2 道为宜。 4）硝基漆的漆膜泛白。可用棉花球蘸取稀蜡克（硝基清漆）进行涂揩，以涂揩摩擦的热量，来消除白雾
8	施工沾污	施工操作不规范	1）被油漆沾污又成膜干燥后的电盒、门窗小五金应予更换。灯具、玻璃、墙壁、地面用溶剂清擦，并注意避免在清擦过程中污染成品。 2）分色棱梭及装饰线、分色线不平直部位，应先贴上分色胶粘塑料纸带，再进行修补刷漆，并预防重复刷漆出现色差。 3）漆面沾上砂粒或小虫，应趁油漆未干时将之剔除，然后用刷子蘸一点油漆修复表面。要是油漆已开始变干，则要待漆膜完全干燥，才能把砂粒、小虫剔除，修补，否则会使漆面受到更大的损伤

13.4 技术交底

13.4.1 施工准备

1. 材料准备

1）溶剂型涂料：溶剂型涂料、溶剂型涂料稀释剂等、成品腻子。

2）各种材料进场后必须经总包方验收后方可上报监理，监理同意后方可使用。

2. 主要机具

1）机械设备

喷涂设备、空气压缩机、搅拌机。

2）施工工具

（1）刷涂工具：涂刷、排笔、料桶等。

（2）滚涂工具：羊毛滚筒、海绵滚筒、配套专用滚筒及匀料板等。

（3）滚压工具：塑料滚筒、铁制压板等。

（4）喷涂工具：手持喷枪、喷斗、各种规格口径喷嘴、高压胶管等。

3）计量设备

水准仪、经纬仪、靠尺、塞尺、钢卷尺、水平尺等。

3. 作业条件

1）抹灰、吊顶、地面、门窗、细部及机电工程等已完成并验收合格。

2）外墙面涂饰时，脚手架或吊篮搭设完毕。

3）涂饰工程施工的环境温度应在 5 ～ 35℃之间，空气相对湿度宜小于 85%。

13.4.2 操作工艺

工艺流程：基层清理→刷底子油→刮腻子→涂料调配及涂刷。

详见 13.2。

13.4.3 质量标准

1. 主控项目

1）溶剂型涂料涂饰工程所选用涂料的品种、型号和性能应符合设计要求及国家现行标准的有关规定。

检验方法：检查产品合格证书、性能检验报告、有害物质限量检验报告和进场验收记录。

2）溶剂型涂料涂饰工程的颜色、光泽、图案应符合设计要求。

检验方法：观察。

3）溶剂型涂料涂饰工程应涂饰均匀、粘结牢固，不得漏涂、透底、开裂、起皮和返锈。

检验方法：观察；手摸检查。

2. 一般项目

1）色漆的涂饰质量和检验方法应符合下表的规定。

项次	项目	普通涂饰	高级涂饰	检验方法
1	颜色	均匀一致	均匀一致	观察
2	光泽、光滑	光泽基本均匀，光滑无挡手感	光泽均匀一致，光滑	观察、手摸检查
3	刷纹	刷纹通顺	无刷纹	观察
4	裹棱、流坠、皱皮	明显处不允许	不允许	观察

2）清漆的涂饰质量和检验方法应符合下表的规定。

项次	项目	普通涂饰	高级涂饰	检验方法
1	颜色	均匀一致	均匀一致	观察
2	木纹	棕眼刮平，木纹清楚	棕眼刮平，木纹清楚	观察
3	光泽、光滑	光泽基本均匀，光滑无挡手感	光泽均匀一致，光滑	观察、手摸检查
4	刷纹	无刷纹	无刷纹	观察
5	裹棱、流坠、皱皮	明显处不允许	不允许	观察

3）涂层与其他装修材料和设备衔接处应吻合，界面应清晰。

4）墙面溶剂型涂料涂饰工程的允许偏差和检验方法应符合下表的规定。

项次	项目	允许偏差（mm）				检验方法
		色漆		清漆		
		普通涂饰	高级涂饰	普通涂饰	高级涂饰	
1	立面垂直度	4	3	3	2	用 2m 垂直检测尺检查
2	表面平整度	4	3	3	2	用 2m 靠尺和塞尺检查
3	阴阳角方正	4	3	3	2	用 200mm 直角检测尺检查
4	装饰线、分色线直线度	2	1	2	1	拉 5m 线，不足 5m 拉通线，用钢直尺检查
5	墙裙、勒脚上口直线度	2	1	2	1	拉 5m 线，不足 5m 拉通线，用钢直尺检查

13.4.4 成品保护

（1）每遍涂料后都应将门窗用风钩或木楔固定，防止扇、框的涂料粘结而影响质量和美观。

（2）及时清理去除滴落在地面、窗台及墙上的涂料。

（3）涂料施工完毕，应有专人负责看管，禁止触摸。

（4）在外墙涂料施工进行中，如遇气温下降、暴晒、大风、雨雪，应采取必要的措施加以保护。

（5）门窗、踢脚板等部位采用纸胶带保护，已完成地面采取覆盖措施，避免污染。

（6）拆除脚手架时，不得碰坏涂层。

13.4.5 安全、环保措施

1. 安全措施

（1）料房与建筑物必须保持一定的安全距离，要有严格的管理制度，专人负责。

（2）库房内严禁烟火，并有明显的标志，配备足够的消防器材。

（3）库房内的稀释剂和易燃涂料必须堆放在安全处，不得放在入口和通道处。

（4）喷涂场地的照明灯应用玻璃罩保护，以防灯泡沾上漆雾而引起爆炸。熬胶、熬油时，应清除周围的易燃物和火源，并应配备相应的消防设施。

（5）高空作业时，防护用品必须穿戴整齐。应有足够强度的安全带，并将绳子牢系在坚固的建筑结构或金属结构架上。严禁上下同时垂直作业。

（6）电动工具使用时，不得拖拽工具导线，严禁拉导线拔插头；电动工具不使用时、维修及更换附件之前，必须切断电源。

2. 环保措施

（1）施工现场必须具有良好的通风条件，在通风条件不良的情况下，必须设置临时通风设备。

（2）作业人员，应戴橡胶手套、口罩和防护眼镜。

（3）应用低噪声机械设备，并采取防噪声措施。

（4）施工前，地面应覆盖，防止涂料泄漏。

（5）施工中，应采取防尘措施。

（6）施工后，剩余的油漆、稀料、漆刷、砂纸等应集中堆放和处理，涂料包装材料进行集中回收处理。

（7）施涂工具使用完毕后，应及时清洗或浸泡在加盖的容器内。

14

美术
涂饰
工程

14.1 施工工艺流程

1. 套色涂饰工艺流程

| 基层清理 | → | 刮腻子 | → | 涂饰底层涂料 | → | 弹漏花位置线 | → | 涂料调配及涂刷 |

2. 滚花涂饰工艺流程

| 基层清理 | → | 刮腻子 | → | 涂饰底层涂料 | → | 弹滚花位置线 | → | 涂料调配及滚印 | → | 画色修线 |

3. 仿木纹涂饰工艺流程

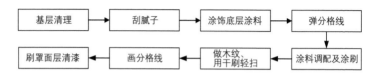

14.2 施工工艺标准图

1. 套色涂饰施工工艺标准图

序号	施工步骤	材料、机具准备	工艺要点	效果展示
1	基层清理	溶剂型涂料、砂纸、羊毛滚筒、海绵滚筒、配套专用滚筒、匀料板、手持喷枪、喷斗、各种规格口径喷嘴、高压胶管	1）混凝土和抹灰墙面用腻子进行批嵌。白灰墙面需用0～2号砂纸打磨。 2）首先对石膏板、木夹板等基层墙面的螺钉进行防锈处理，再用专用腻子批嵌接槎处和钉眼处。 3）旧墙面应清除浮灰，铲除起砂、翘皮、油污、疏松起壳等部位，除去残留的涂膜后，将墙面清洗干净再做修补	

序号	施工步骤	材料、机具准备	工艺要点	效果展示
2	刮腻子		1）局部刮腻子干燥后，用0～2号砂纸人工或者机械打磨平整。 2）第一遍满刮用稠腻子，做到凸处薄刮，凹处厚刮，大面积找平。待第一遍腻子干透后，用0～2号砂纸打磨平整并扫净。 3）第二遍满刮用稀腻子找平，并做到线角顺直、方正。待第二遍腻子干透后，用砂纸打磨平整并扫净，所用砂纸宜细，以打磨后不显砂纹为准	
3	涂饰底层涂料	溶剂型涂料、砂纸、羊毛滚筒、海绵滚筒、配套专用滚筒、匀料板、手持喷枪、喷斗、各种规格口径喷嘴、高压胶管	1）涂料调配 根据品牌产品说明书稀释涂料。 2）涂饰底层涂料 （1）涂料的施工方法主要有辊涂和喷涂两种。墙面应喷涂均匀。 （2）辊涂和刷涂时，应充分盖底，不透虚影，表面均匀。喷涂时，应控制涂料黏度，喷枪的压力，保持涂层均匀，不露底、不流坠、色泽均匀。 （3）对于干燥较快的涂饰材料，大面积涂饰时，应由多人配合操作，处理好接槎部位。 3）第一遍面层涂料 内墙涂料施工的顺序是先左后右、先上后下、先难后易、先边后面。采用喷涂时，喷枪与墙面应保持垂直，距离宜在500mm左右，匀速平行移动。 4）第二遍面层涂料 水性涂料施工，后一遍涂料必须在前一遍涂料表干后进行	

序号	施工步骤	材料、机具准备	工艺要点	效果展示
4	弹漏花位置线		用色线弹出漏花位置线并进行校核	
5	涂料调配及涂刷	溶剂型涂料、砂纸、羊毛滚筒、海绵滚筒、配套专用滚筒、匀料板、手持喷枪、喷斗、各种规格口径喷嘴、高压胶管	1）涂料调配 根据品牌产品说明书稀释涂料。 2）涂饰底层涂料 （1）涂料的施工方法主要有辊涂和喷涂两种。墙面应喷涂均匀。 （2）辊涂和刷涂时，应充分盖底，不透虚影，表面均匀。喷涂时，应控制涂料黏度，喷枪的压力，保持涂层均匀，不露底、不流坠、色泽均匀。 （3）对于干燥较快的涂饰材料，大面积涂饰时，应由多人配合操作，处理好接槎部位。 3）第一遍面层涂料 内墙涂料施工的顺序是先左后右、先上后下、先难后易、先边后面。采用喷涂时，喷枪与墙面应保持垂直，距离宜在 500mm 左右，匀速平行移动。 4）第二遍面层涂料 美术涂料施工，后一遍涂料必须在前一遍涂料表干后进行	

2．滚花涂饰施工工艺标准图

序号	施工步骤	材料、机具准备	工艺要点	效果展示
1	基层清理	溶剂型涂料、砂纸、羊毛滚筒、海绵滚筒、配套专用滚筒、匀料板、手持喷枪、喷斗、各种规格口径喷嘴、高压胶管	1）混凝土和抹灰墙面用腻子进行批嵌。白灰墙面需用0～2号砂纸打磨。 2）首先对石膏板、木夹板等基层墙面的螺钉进行防锈处理，再用专用腻子批嵌接槎处和钉眼处。 3）旧墙面应清除浮灰，铲除起砂、翘皮、油污、疏松起壳等部位，除去残留的涂膜后，将墙面清洗干净再做修补	
2	刮腻子		1）局部刮腻子干燥后，用0～2号砂纸人工或者机械打磨平整。 2）第一遍满刮用稠腻子，做到凸处薄刮，凹处厚刮，大面积找平。待第一遍腻子干透后，用0～2号砂纸打磨平整并扫净。 3）第二遍满刮用稀腻子找平，并做到线角顺直、方正。待第二遍腻子干透后，用砂纸打磨平整并扫净，所用砂纸宜细，以打磨后不显砂纹为准	
3	涂饰底层涂料		1）涂料调配 根据品牌产品说明书稀释涂料。 2）涂饰底层涂料 （1）涂料的施工方法主要有辊涂和喷涂两种。墙面应喷涂均匀。	

序号	施工步骤	材料、机具准备	工艺要点	效果展示
3	涂饰底层涂料	溶剂型涂料、砂纸、羊毛滚筒、海绵滚筒、配套专用滚筒、匀料板、手持喷枪、喷斗、各种规格口径喷嘴、高压胶管	（2）辊涂和刷涂时，应充分盖底，不透虚影，表面均匀。喷涂时，应控制涂料黏度，喷枪的压力，保持涂层均匀，不露底、不流坠、色泽均匀。 （3）对于干燥较快的涂饰材料，大面积涂饰时，应由多人配合操作，处理好接槎部位。 3）第一遍面层涂料 内墙涂料施工的顺序是先左后右、先上后下、先难后易、先边后面。采用喷涂时，喷枪与墙面应保持垂直，距离宜在500mm左右，匀速平行移动。 4）第二遍面层涂料 水性涂料施工，后一遍涂料必须在前一遍涂料表干后进行	
4	弹滚花位置线		用色线弹出滚花位置线并进行校核	
5	涂料调配及滚印		1）涂料调配 根据品牌产品说明书稀释涂料。 2）涂饰底层涂料 （1）涂料的施工方法主要有辊涂和喷涂两种。墙面应喷涂均匀。	

序号	施工步骤	材料、机具准备	工艺要点	效果展示
5	涂料调配及滚印	溶剂型涂料、砂纸、羊毛滚筒、海绵滚筒、配套专用滚筒、匀料板、手持喷枪、喷斗、各种规格口径喷嘴、高压胶管	（2）辊涂和刷涂时，应充分盖底，不透虚影，表面均匀。喷涂时，应控制涂料黏度，喷枪的压力，保持涂层均匀，不露底、不流坠、色泽均匀。 （3）对于干燥较快的涂饰材料，大面积涂饰时，应由多人配合操作，处理好接槎部位。 3）第一遍面层涂料 内墙涂料施工的顺序是先左后右、先上后下、先难后易、先边后面。采用喷涂时，喷枪与墙面应保持垂直，距离宜在 500mm 左右，匀速平行移动。 4）第二遍面层涂料 美术涂料施工，后一遍涂料必须在前一遍涂料表干后进行。 5）涂料滚印 按设计要求或样板配制涂料后，用刻有花纹图案的橡胶辊滚蘸涂料，沿粉线从上至下进行滚印，辊筒的轴必须垂直于粉线，不得歪斜，用力均匀，滚印 1～3 遍，直到图案颜色鲜明、轮廓清晰为止。不得有漏涂、污斑和流坠，并且不显接槎	
6	画色修线		滚花完成后，周边应画色线或做边花、方格线	

3. 仿木纹涂饰施工工艺标准图

序号	施工步骤	材料、机具准备	工艺要点	效果展示
1	基层清理	溶剂型涂料、砂纸、羊毛滚筒、海绵滚筒、配套专用滚筒、匀料板、手持喷枪、喷斗、各种规格口径喷嘴、高压胶管	1）混凝土和抹灰墙面用腻子进行批嵌。白灰墙面需用0～2号砂纸打磨。 2）首先对石膏板、木夹板等基层墙面的螺钉进行防锈处理，再用专用腻子批嵌接槎处和钉眼处。 3）旧墙面应清除浮灰，铲除起砂、翘皮、油污、疏松起壳等部位，除去残留的涂膜后，将墙面清洗干净再做修补	
2	刮腻子		1）局部刮腻子干燥后，用0～2号砂纸人工或者机械打磨平整。 2）第一遍满刮用稠腻子，做到凸处薄刮，凹处厚刮，大面积找平。待第一遍腻子干透后，用0～2号砂纸打磨平整并扫净。 3）第二遍满刮用稀腻子找平，并做到线角顺直、方正。待第二遍腻子干透后，用砂纸打磨平整并扫净，所用砂纸宜细，以打磨后不显砂纹为准	
3	涂饰底层涂料		1）涂料调配 根据品牌产品说明书稀释涂料。 2）涂饰底层涂料 （1）涂料的施工方法主要有辊涂和喷涂两种。墙面应喷涂均匀。	

序号	施工步骤	材料、机具准备	工艺要点	效果展示
3	涂饰底层涂料	溶剂型涂料、砂纸、羊毛滚筒、海绵滚筒、配套专用滚筒、匀料板、手持喷枪、喷斗、各种规格口径喷嘴、高压胶管	（2）辊涂和刷涂时，应充分盖底，不透虚影，表面均匀。喷涂时，应控制涂料黏度，喷枪的压力，保持涂层均匀，不露底、不流坠、色泽均匀。 （3）对于干燥较快的涂饰材料，大面积涂饰时，应由多人配合操作，处理好接槎部位。 3）第一遍面层涂料 内墙涂料施工的顺序是先左后右、先上后下、先难后易、先边后面。采用喷涂时，喷枪与墙面应保持垂直，距离宜在500mm左右，匀速平行移动。 4）第二遍面层涂料 水性涂料施工，后一遍涂料必须在前一遍涂料表干后进行	
4	弹分格线		根据图纸要求分格、弹线，一般竖木纹高约为横木纹板宽的4倍	
5	涂料调配及涂刷		1）涂料调配 根据品牌产品说明书稀释涂料。 2）涂饰底层涂料 （1）涂料的施工方法主要有辊涂和喷涂两种。墙面应喷涂均匀。	

序号	施工步骤	材料、机具准备	工艺要点	效果展示
5	涂料调配及涂刷	溶剂型涂料、砂纸、羊毛滚筒、海绵滚筒、配套专用滚筒、匀料板、手持喷枪、喷斗、各种规格口径喷嘴、高压胶管	（2）辊涂和刷涂时，应充分盖底，不透虚影，表面均匀。喷涂时，应控制涂料黏度，喷枪的压力，保持涂层均匀，不露底、不流坠、色泽均匀。 （3）对于干燥较快的涂饰材料，大面积涂饰时，应由多人配合操作，处理好接槎部位。 3）第一遍面层涂料 内墙涂料施工的顺序是先左后右、先上后下、先难后易、先边后面。采用喷涂时，喷枪与墙面应保持垂直，距离宜在 500mm 左右，匀速平行移动。 4）第二遍面层涂料 美术涂料施工，后一遍涂料必须在前一遍涂料表干后进行。 5）涂料滚印 按设计要求或样板配制涂料后，用刻有花纹图案的橡胶辊滚蘸涂料，沿粉线从上至下进行滚印，滚筒的轴必须垂直于粉线，不得歪斜，用力均匀，滚印 1～3 遍，直到图案颜色鲜明、轮廓清晰为止。不得有漏涂、污斑和流坠，并且不显接槎	
6	做木纹、用干刷轻扫		用不等距锯齿橡胶板在面层涂料上做曲线木纹，然后用钢梳或软干毛刷轻轻扫出木纹的棕眼，形成木纹	

序号	施工步骤	材料、机具准备	工艺要点	效果展示
7	画分格线	溶剂型涂料、砂纸、羊毛滚筒、海绵滚筒、配套专用滚筒、匀料板、手持喷枪、喷斗、各种规格口径喷嘴、高压胶管	面层木纹干燥后，划分格线	
8	刷罩面层清漆		木纹、分格线干透后，表面涂刷清漆一道	

14.3 控制措施

序号	预控项目	产生原因	预控措施
1	慢干和回黏	室内通风能力差，温度较低	1）涂膜有较轻微的慢干或回黏弊病，可加强通风，适当提高温度，加强保护，再观察数日，如确实不能干燥结膜，再作处理。 2）慢干或回黏严重的漆膜，要用脱漆剂洗掉刮净，再重新涂漆
2	涂膜粗糙、表面起粒	喷涂环境不达标，清洁度不够，湿度太低；涂料的过滤不佳，黏度过高；喷枪或枪体等没有做好清洁；喷涂时膜厚太薄	1）漆膜出现颗粒，一般应待漆膜彻底干燥后，用细水砂纸蘸温肥皂水，仔细将颗粒打平、打滑、抹干水分、擦净灰尘（为避免划伤表面、遗留粉尘，不可使用普通砂纸干磨），在保证漆料质量的前提下，重新涂饰一遍。硝基漆面可用棉纱团蘸稀释的硝基漆擦涂几次，再抛光处理。

序号	预控项目	产生原因	预控措施
2	涂膜粗糙、表面起粒		2）对于高级装修，可使用水砂纸或砂蜡打磨平整，最后上光蜡（汽车光蜡）或使用抛光膏出亮，消除粗糙弊病，提高漆膜的光滑及柔和感
3	涂膜皱纹	涂液涂层太厚，当涂液具有良好的干燥性能时，厚涂层的表面先干燥成膜，内层涂膜被隔绝了空气，以致外干内不干或内层干得过慢，内外不是同时干燥成膜，因表面张力的作用而起皱	对于已产生皱纹的涂膜，应待涂膜完全干燥后，用水砂纸轻轻将皱纹打磨平整，皱纹较严重不能磨平的，需用腻子找平凹陷部位，再做一遍面漆
4	橘皮	喷涂压力太大，喷枪口径太小，涂料黏度过大，喷枪与喷涂面的间距不当；低沸点的溶剂用量太多，挥发迅速，在静止的液态涂膜中产生强烈的静电现象，使涂层出现半圆形凹凸不平的皱纹状，未等流平，表面已干燥形成橘皮；施工湿度过高或过低，涂料中混有水分	有橘皮弊病的漆膜，用水砂纸将凸起部位磨平，凹陷部位抹补腻子，再满涂饰一遍面漆
5	涂料流坠	基层过湿或表面太光滑，吸水少；涂料本身黏度过低或兑水过多；一次施涂太厚，流坠的发生与涂膜厚度的3次方成正比；	1）施涂过程中，勤检查，发现流坠应暂停施涂，立即将流坠顺平。2）涂膜干燥后的流坠应用砂纸打磨平整，再重新施涂一遍。3）面积较大，数量较多的弹涂流坠点，可用不同颜色的色点覆盖分解。

序号	预控项目	产生原因	预控措施
5	涂料流坠	涂料中含有较多密度大的颜料、填料；墙面、顶棚等转角部位未采取遮盖措施，致使先后刷的涂料在转角部位叠加过厚而流坠；涂料施工前未搅拌均匀	4）面积较小、数量不多的弹涂流坠点，可用小铲尖将其剔掉后，用不同颜色的色点局部覆盖
6	渗色	1）在底层涂料未充分干透的情况下，涂刷面层涂料。 2）底层涂料中使用了某些有机颜料	1）底层涂料充分干燥后，再涂刷面层涂料。 2）底层涂料和面层涂料应配套使用。 3）底层涂料选择抗渗色性好的涂料

14.4 技术交底

14.4.1 施工准备

1. 材料准备

1）美术涂料、成品腻子、硅藻泥、罩面漆等。

2）各种材料进场后必须经总包方验收后方可上报监理，监理同意后方可使用。

2. 主要机具

1）机械设备

喷涂设备、空气压缩机、搅拌机。

2）施工工具

（1）刷涂工具：涂刷、排笔、料桶等。

（2）滚涂工具：羊毛滚筒、海绵滚筒、配套专用滚筒及匀料板等。

（3）滚压工具：塑料滚筒、铁制压板等。

（4）喷涂工具：手持喷枪、喷斗、各种规格口径喷嘴、高压胶管等。

3）计量设备

水准仪、经纬仪、靠尺、塞尺、钢卷尺、水平尺等。

3. 作业条件

1）抹灰、吊顶、地面、门窗、细部及机电工程等已完成并验收合格。

2）外墙面涂饰时，脚手架或吊篮搭设完毕。

3）涂饰工程施工的环境温度应在 5 ～ 35℃之间，空气相对湿度宜小于 85%。

14.4.2 操作工艺

套色涂饰工程操作工艺

工艺流程：基层清理→刮腻子→涂饰底层涂料→弹漏花位置线→涂料调配及涂刷。

具体工艺详见 14.2。

14.4.3 质量标准

1. 主控项目

（1）美术涂饰工程所用材料的品种、型号和性能应符合设计要求及国家现行标准的有关规定。

检验方法：观察；检查产品合格证书、性能检验报告、有害物质限量检验报告和进场验收记录。

（2）美术涂饰工程应涂饰均匀、粘结牢固，不得漏涂、透底、开裂、起皮、掉粉和反锈。

检验方法：观察；手摸检查。

（3）美术涂饰工程的套色、花纹和图案应符合设计要求。

检验方法：观察。

2. 一般项目

（1）套色涂饰的图案不得移位，纹理和轮廓应清晰。

检验方法：观察。

（2）滚花涂饰的饰面应具有被模仿材料的纹理。

检验方法：观察。

（3）美术涂饰表面应洁净，不得有流坠现象。

检验方法：观察。

（4）墙面美术涂饰工程的允许偏差和检验方法应符合下表的规定。

项次	项目	允许偏差（mm）	检验方法
1	立面垂直度	4	用 2m 垂直检测尺检查
2	表面平整度	4	用 2m 靠尺和塞尺检查
3	阴阳角方正	4	用 200mm 直角检测尺检查
4	装饰线、分色线直线度	2	拉 5m 线，不足 5m 拉通线，用钢直尺检查
5	墙裙、勒脚上口直线度	2	拉 5m 线，不足 5m 拉通线，用钢直尺检查

14.4.4 成品保护

（1）每遍涂料后都应将门窗用风钩或木楔固定，防止扇、框的涂料粘结而影响质量和美观。

（2）及时清理去除滴落在地面、窗台及墙上的涂料。

（3）涂料施工完毕，应有专人负责看管，禁止触摸。

（4）在外墙涂料施工进行中，如遇气温下降、暴晒、大风、雨雪，应采取必要的措施加以保护。

（5）门窗、踢脚板等部位采用纸胶带保护，已完成地面采取覆盖措施，避免污染。

（6）拆除脚手架时，应不得碰坏涂层。

14.4.5 安全、环保措施

1. 安全措施

（1）料房与建筑物必须保持一定的安全距离，要有严格的管理制度，有专人负责。

（2）库房内严禁烟火，并有明显的标志，配备足够的消防器材。

（3）库房内的稀释剂和易燃涂料必须堆放在安全处，不得放在入口和通道处。

（4）喷涂场地的照明灯应用玻璃罩保护，以防灯泡沾上漆雾而引起爆炸。熬胶、熬油时，应清除周围的易燃物和火源，并应配备相应的消防设施。

（5）高空作业时，防护用品必须穿戴整齐。应有足够强度的安全带，并将绳子牢系在坚固的建筑结构或金属结构架上。严禁上下同时垂直作业。

（6）电动工具使用时，不得拖拽工具导线，严禁拉导线拔插头；电动工具不使用时、维修及更换附件之前，必须切断电源。

2. 环保措施

（1）施工现场必须具有良好的通风条件，在通风条件不良的情况下，必须设置临时通风设备。

（2）作业人员，应戴橡皮手套、口罩和防护眼镜。

（3）应用低噪声机械设备，并采取防噪声措施。

（4）施工前，地面应覆盖，防止涂料泄漏。

（5）施工中，应采取防尘措施。

（6）施工后，剩余的油漆、稀料、漆刷、砂纸等应集中堆放和处理，涂料包装材料进行集中回收处理。

（7）施涂工具使用完毕后，应及时清洗或浸泡在加盖的容器内。

15

屋面找
平层

15.1 施工工艺流程

15.2 施工工艺标准图

序号	施工步骤	材料、机具准备	工艺要点	效果展示
1	施工准备		1）屋面基层验收交接工作。 2）施工前应进行图纸会审，并应编制屋面工程施工方案。 3）使用材料必须满足设计要求和施工技术规范的规定。 4）主要机具准备到位	—
2	作业环境要求	扫帚、刷子、剪刀、钢卷尺、小线绳、手推车、钢锯条、水平尺、刮杠、木抹子	工完场清，避免材料飞扬	—
3	基层清理		将结构层上表面的松散杂物清理干净，凸出基层表面的灰渣等粘结杂物要铲平，且不得影响找平层的有效厚度	
4	管根封堵		大面积做找平层前，应先将出屋面的根管、变形缝、屋面天沟墙根部处理好并做试水记录，确保无渗漏	

序号	施工步骤	材料、机具准备	工艺要点	效果展示
5	抹水泥砂浆找平层	扫帚、刷子、剪刀、钢卷尺、小线绳、手推车、钢锯条、水平尺、刮杠、木抹子	1）抹水泥砂浆找平层前，应适当洒水湿润基层表面，主要是利于基层与找平层的结合，但不可洒水过量，以免影响找平层表面的干燥，使防水层施工后窝住水汽，导致防水层产生空鼓，所以洒水到基层和找平层能牢固结合为度。也可以在混凝土构件表面上用扫帚均匀涂刷水泥浆，随刷随做水泥找平层。 2）铺抹水泥砂浆：按分格块装灰，铺平，用刮杠靠冲筋条刮平、压光。在抹找平层的同时，凡基层与凸出屋面结构的连接处、转角处，均应做成半径为30～150mm的圆弧或斜长为100mm的钝角。卷材翻边高度应符合设计要求但不得小于250mm，卷材收头的凹槽内抹灰应呈45°。排水口周围应做半径为500mm和坡度不小于5%的环形洼坑。 3）养护：找平层抹平，压实12h以后可浇水养护，一般养护期为7d，经干燥后铺设防水层	
6	屋面找平层验收		1）基层与凸出屋面结构的交接处和基层的转角处，均应做成圆弧形，且整齐平顺。	—

序号	施工步骤	材料、机具准备	工艺要点	效果展示
6	屋面找平层验收	扫帚、刷子、剪刀、钢卷尺、小线绳、手推车、钢锯条、水平尺、刮杠、木抹子	2）水泥砂浆、细石混凝土找平层应平整、压光，不得有酥松、起砂、起皮的现象；沥青砂浆找平层不得有拌合不匀、蜂窝现象。 3）找平层分格缝的位置和间距应符合设计要求。 4）找平层表面平整度的允许偏差值为 5mm	—

15.3 控制措施

序号	预控项目	产生原因	预控措施
1	找平层起砂、起皮	1）配合比不准，使用过期和受潮结块的水泥；砂子含泥量大。 2）屋面基层清扫不干净，找平层施工前基层未刷水泥净浆。 3）水泥砂浆搅拌不均匀，摊铺压实不当，特别是水泥砂浆在收水后未及时二次压实和收光。 4）水泥砂浆养护不充分	1）严格控制砂浆的配合比，对水泥进行见证取样送检，不合格的砂子及水泥不得使用。 2）水泥砂浆摊铺前，屋面基层应清扫干净，并充分湿润，但不得有积水现象。摊铺前应用水泥砂浆薄涂刷一层，确保水泥砂浆与基层粘结良好。 3）水泥砂浆宜采用预拌砂浆，做好水泥砂浆的摊铺和压实工作，推荐采用木靠尺刮平，木抹子初压，并在初凝收水前再用铁抹子二次压实和收光的操作工艺。 4）屋面找平层施工后应及时覆盖浇水养护（宜用薄膜或草袋），使其表面保持湿润，养护时间宜为 7 ～ 10d

序号	预控项目	产生原因	预控措施
2	找平层开裂、空鼓	1）找平层的开裂与施工工艺有关，如抹压不实、养护不良等； 2）找平层上出现横向有规则裂缝，主要是因屋面温差变化较大所致	1）找平层应设分格缝，分格缝宜设在板端处，其纵横的最大间距不宜大于6m，缝宽宜小于10mm，若分格缝兼作排气屋面的排气道时，可适当加宽为20mm，并且与保温层相连通。 2）对于抗裂要求较高的屋面防水工程，水泥砂浆找平层中宜掺微膨胀剂

15.4 技术交底

15.4.1 施工准备

1. 材料要求

（1）加气碎块、加气碎块混凝土（强度达到5.0MPa）、1∶3水泥砂浆。

（2）加气碎块混凝土

加气碎块：粒径30mm左右，松散密度约400kg/m³；砂：中砂或粗砂，含泥量不大于5%，并不含杂物；水泥：采用325号硅酸盐水泥，包装完好并有出厂合格证；加气碎块混凝土的强度等级为LC5.0；配合比要求：加气碎块∶水泥∶砂＝5∶1∶1。

2. 主要机具

手推车、铁锹、铁抹子、木抹子、水平刮杠、小线绳、水平尺、平板振捣器等。

3. 作业条件

（1）基层浮浆、杂物清理干净，经验收合格。

（2）水、电预留预埋等安装完毕。

15.4.2 操作工艺

工艺流程：找坡、找平标高线→洒水湿润→找坡、找平层施工→振捣收面→养护。

1. 找坡、找平标高线

根据女儿墙上 500mm 水平标高线进行找坡，根据图纸放出分水线、集水线等。按照 2% 进行找坡，保证女儿墙周圈同等高度。雨水口周围 500mm 范围内坡度不小于 5%。

2. 洒水湿润

洒适量水，保证基层表面湿润，不得积水。

3. 找坡层施工

1）根据坡度和分水线（具体详见屋顶平面图）采用干拌砂浆以灰饼形式每隔 1.5m 进行布置，找坡层最薄处 30mm（雨水口处）。加气碎块混凝土分层振捣抹压，以保证混凝土密实。

2）加气碎块混凝土的拌制

（1）加气碎块混凝土的配合比（重量比）：碎块：水泥：砂子 = 5：1：1。

（2）加气碎块混凝土拌制时，应先把加气碎块、砂子和水泥干拌均匀，然后加水拌制，其搅拌时间不得少于 3min。

3）当厚度超过 120mm 时，先干铺加气碎块用平板振捣器振压拍实（空隙处用小加气碎块级配填实），再覆盖 50mm 厚加气碎块混凝土。

4）用平板振捣器振捣均匀，平板振捣器振捣时覆盖上次振捣器振捣宽度的 1/3，且按东西方向拖动平板振捣器由北端向南端进行，严防漏振，并用木抹子抹压 2 ~ 3 遍拍压密实，防止产生裂缝。浇筑过程中严格控制标高，拉线分层抹平，并用坡度尺逐一进行检查，确保坡向正确。

4. 找平层施工

洒水湿润：洒水适量，保证基层表面湿润，不得积水。找平层采用 20 厚 1 ∶ 3 水泥砂浆，根据灰饼高度采用短木杠刮平，再用木抹子找平，然后用水平刮杠调整平整度。铁抹子压第二遍、第三遍：当水泥砂浆开始凝结，人踩上去有脚印但不下陷时，用铁抹子压第二遍，要注意防止漏压，并将死坑、死角、砂眼抹平，当抹子压不出抹纹时，即可找平、压实，完成第三遍抹压，宜在砂浆终凝前进行。找平层做到女儿墙根部，下口阴阳角均抹成圆弧形，圆弧半径 50mm。

5. 养护

抹平、压实后，常温时在 12h 后浇水养护，养护时间不少于 7d。干燥后开始做防水层。

15.4.3 质量标准

（1）原材料及配合比，必须符合设计要求和施工及验收规范的规定。

（2）屋面找坡层的坡度、坡向，必须符合设计要求。

（3）不得有空鼓、表面积水、表面松散、脱皮、裂缝等缺陷。

（4）表面平整度允许偏差 5mm，采用 2m 靠尺和楔形塞尺检查。

15.4.4 成品保护

（1）施工完的混凝土面及时加强养护，常温 7d 后方可进行下道工序施工。

（2）水落口施工过程中，采取临时措施封口，防止杂物进入堵塞。

（3）找坡层施工过程中，不得污染和破坏周围的墙面、设备管道等。

15.4.5 安全、环保措施

（1）采取各种形势进行环保宣传教育活动，不断提高环保意识和法治观念。各分包单位严格按项目计划划分的区域各自负责施工。

（2）施工垃圾按指定地点，适量洒水，减少扬尘，设专人负责及时清理，保持场容整洁。

（3）及时清理现场的杂物，作业区内做到工完场清，码放整齐，卫生责任到人，制度健全。

（4）操作层清理施工垃圾采用容器吊运垃圾，严禁随意凌空抛撒。

（5）采用新型防水材料，防止大气污染。

（6）油料集中地点存放，现场机械基础要有防止油料渗漏措施，不能污染地面。

（7）现场噪声，必须达到环保规定，不准超标扰民。

（8）找平层施工阶段，选定适当地点设置砂浆池，保证砂浆的合理使用和管理。

（9）夜间施工应使用低噪声工具，不得使用强噪声设备。

（10）夜间严禁高音喇叭或放声歌唱，人为制造噪声影响居民休息。

16

屋面卷材防水层

16.1 施工工艺流程

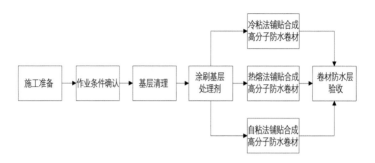

16.2 施工工艺标准图

序号	施工步骤	材料、机具准备	工艺要点	效果展示
1	施工准备		1）屋面找平层（基层）验收交接工作。 2）屋面施工方案及技术交底。 3）使用材料必须满足设计要求和施工技术规范的规定。 4）主要机具准备到位	—
2	作业条件确认	扫帚、刷子、剪刀、钢卷尺、滚筒刷、墨斗	1）雨天、雾天严禁施工；五级风(含五级)以上不得施工。 2）冷粘法不低于 5℃；热风焊接法不低于—10℃。 3）防水层的基层表层必须平整、坚实、干燥。干燥程度的简易检测方法：将 1m 见方卷材平铺在找平层上，静置 3～4h 后掀开检查，找平层覆盖部位与卷材上未见水印，即可铺设。 4）施工途中下雨、下雾应做好已铺卷材周边的防护工作	

序号	施工步骤	材料、机具准备	工艺要点	效果展示
3	基层清理		施工前将验收合格的找平层（基层）清扫干净，并保持基层干燥	—
4	涂刷基层处理剂	扫帚、刷子、剪刀、钢卷尺、滚筒刷、墨斗	1）基层处理剂应根据不同材料性质的防水卷材，选配相匹配的基层处理剂，施工时应查清产品说明书中的内容。 2）基层处理剂可用喷或涂等方法均匀涂布在基层表面。基层处理剂厚度应均匀一致，切勿反复来回涂刷，也不得漏刷露底。涂刷基层处理剂后，常温下干燥4h以上，手感不粘时，即可进行下道工序的施工。基层处理剂施工后宜在当天施工防水层	
5	冷粘法铺贴合成高分子防水卷材		1）根据卷材铺贴方案，在基层表面排好尺寸，弹出卷材铺贴标准线。 2）基层胶粘剂的涂刷：为了使卷材粘结可靠，一般在基层上和卷材背面均涂刷胶粘剂。当基层处理剂基本干燥，表面洁净时，将调制搅拌均匀的胶粘剂用长拖滚刷均匀涂刷在基层表面上，复杂部位用油漆刷涂刷，涂刷均匀一致，不得在一处反复涂刷，经过10～20min后，指触基本不粘，即可铺设卷材。	

序号	施工步骤	材料、机具准备	工艺要点	效果展示
5	冷粘法铺贴合成高分子防水卷材	扫帚、刷子、剪刀、钢卷尺、滚筒刷、墨斗	3）平面铺贴卷材：将涂胶干燥后的卷材用筒芯重新卷好，依线将卷材一端粘贴固定，然后沿弹好的标准线向另一端铺展，铺展时卷材不应拉得过紧，在松弛状态下铺贴，每隔1000mm左右对准标准线粘贴一下，不得皱褶。每铺完一幅卷材后，应立即用长把压辊从卷材一端开始，顺卷材横向依次滚压一遍，排除卷材粘结层间的空气，然后用外包橡皮的大压辊（30kg）滚压，使其粘贴牢固。 4）立面铺贴卷材：铺贴泛水时，应先留出泛水高度的卷材，先贴平面，再统一由下往上铺贴立面，铺贴时切忌拉得过紧，随转角压紧压实往上粘贴。最后用手持压辊从上往下滚压，不得有空鼓和粘结不牢等现象。 5）卷材搭接缝粘贴：首先将搭接缝上层卷材表面每隔500～1000mm处点涂氯丁胶，基本干燥后（手感不粘），将搭接缝卷材翻开临时反向粘贴固定在面层上，然后将配制搅拌均匀的接缝胶粘剂，用油漆刷均匀地涂刷在翻开的卷材接缝的两个粘结面上，涂刷均匀一致，不得露底，也不得堆积成粘胶团。粘合从一端开始，用手边压合边驱除空气，不得	

序号	施工步骤	材料、机具准备	工艺要点	效果展示
5	冷粘法铺贴合成高分子防水卷材		有空鼓和皱褶现象，然后用手持压辊依次认真滚压一遍。在纵横搭接缝相交处，有3层卷材重叠，必须用手持压辊滚压，所有接缝口均应用密封膏封口，宽度不小于10mm。 6）卷材收头处理：为了使卷材粘结牢固，防止翘边及渗漏，应用密封膏封严后，再涂刷一遍涂膜防水层	
6	热熔法铺贴合成高分子防水卷材	扫帚、刷子、剪刀、钢卷尺、滚筒刷、墨斗	1）当找平层涂刷基层处理剂干燥后，首先粘贴加强层。 2）铺贴大面积卷材时，先打开卷材的一端对准弹好的标准线，从卷材一侧向另一侧缓缓滚压粘贴。摊铺滚贴1～2m后，用压辊趁热滚压严实，使之平展，不得有皱褶。 3）熔化热熔胶时，应特别注意卷材边缘的热熔胶要充分热熔，确保搭接质量。铺贴复杂部位及表面不平整处，应扩大烘烤卷材面，使整片卷材处于柔软状态，便于与基层粘贴平服、严实。 4）施工时应严格控制摊滚速度和火焰烘烤距离，摊滚过快、烘烤距离太远、热熔胶未达到熔化温度，会造成卷材与基层粘结不牢；摊滚过慢、烘烤距离太近，火焰容易将热熔胶烧流、烧焦或烧穿卷材	

序号	施工步骤	材料、机具准备	工艺要点	效果展示
7	自粘法铺贴合成高分子防水卷材	扫帚、刷子、剪刀、钢卷尺、滚筒刷、墨斗	1）基层处理剂干燥后，即可铺贴加强层，铺贴时应将自粘胶底面的隔离纸完全撕净，宜采用热风焊枪加热，加热后随即粘贴牢固，溢出的自粘胶随即刮平封口。 2）铺贴大面积卷材时，应先仔细剥开卷材一端背面隔离纸约500mm，将卷材头对准弹好的标准线轻轻摆铺，位置准确后再压实。 3）端头粘牢后即可将卷材反向放在已铺好的卷材上，摊铺时切忌拉得过紧，但也不能有皱褶和扭曲。 4）铺完一层卷材，即用长把压辊从卷材中间向两边顺次来回滚压，彻底排除卷材下面空气，为了粘接牢固，应用大压辊再一次压实。 5）搭接缝处，为提高可靠性，可采用热风焊枪加热，加热后随即粘贴牢固，溢出的自粘胶随即刮平封口，最后将接缝口用密封材料封严，宽度不小于10mm。 6）铺贴立面、大坡面卷材时，应用热风焊枪加热后粘贴牢固	
8	卷材防水层验收		1）卷材防水层的搭接缝粘接牢固，密封严密，无皱褶、翘边和鼓泡等缺陷；防水层收头与基层粘接牢固，缝口严密，无翘边。 2）卷材的铺贴方向正确，卷材搭接宽度的允许偏差为 −10mm。 3）卷材防水层的细部防水构造符合设计要求	—

16.3 控制措施

序号	预控项目	产生原因	预控措施
1	防水层粘接不牢	1）选用材料不当，胶粘剂在使用时未充分搅拌。 2）基层有油污、砂粒、浮浆等杂物，基层涂料涂刷不均匀。 3）铺贴卷材时基层表面潮湿。 4）卷材铺贴方法不当，滚压不充分	1）选择合格的胶粘剂，胶粘剂在使用前搅拌充分。 2）在处理基底时，首先应检查基层表面是否充分干燥（含水率不大于8%）；同时要用铲刀把附着在基层表面的砂粒、浮浆等杂物铲除，然后用扫帚将基层表面清扫干净。 3）基层清理完成之后需要涂刷基层处理剂。 4）卷材铺贴要粘紧贴牢，每当铺完一幅卷材后，应立即用干净而松软的长柄滚刷，从卷材的一端开始，沿卷材的横向用力地顺次滚压，以便彻底排出卷材与基层之间的残留空气
2	卷材空鼓	1）卷材铺贴时，残留空气未全部赶出。 2）基层干燥不充分，潮气未排出	1）不得在雨天、雪天或下雾时施工，且基层含水率不大于8%（热熔施工时要求）。 2）卷材铺贴要粘紧贴牢充分排出空气
3	防水层破损	1）基层有杂物，施工中用脚踩踏时即可损伤卷材。 2）卷材铺贴后，屋面上做其他工程时，对其保护不严。 3）剪刀、辊子、容器等施工物不慎坠落	铺贴卷材防水层应在屋面有关工序全部结束后进行。如有关工序必须与卷材铺贴工序相互交叉，或在防水层上设有保护层时，则应在施工人员严格监督下，采用胶合板、橡胶毡垫等隔离材料予以保护。一旦发现卷材有局部损伤时，在损伤的卷材周围仔细磨平，再铺贴比损伤部位外径大100mm以上的卷材

序号	预控项目	产生原因	预控措施
4	防水屋面渗漏	1）细部构造及卷材收头存在问题。 2）屋面基层不平，防水层表面积水，使卷材发生腐烂。 3）卷材铺贴方法不当，两幅卷材之间接缝宽度不够。 4）施工时突遇下雨，雨水从卷材接缝渗漏。 5）防水材料变质失效	1）檐口、女儿墙、屋脊、伸缩缝、天沟、雨水口、阴阳角（转角）及各种伸出屋面管道的周围等部位如设计不当，以及卷材收头时封闭不严，都是造成漏水的通路。细部构造除了按设计要求增贴胶条、附加卷材层以外，还要注意在卷材收头用密封膏仔细加固。 2）屋面基层必须平整，并按设计坡度施工。铺贴卷材时如发现局部有积水，可用高聚物砂浆填补平整，防止屋面积水引起卷材腐烂。 3）确保卷材之间搭接宽度和粘贴质量，是防止渗漏水的重要环节，为此在铺贴卷材前，事先要弹出基准线并进行试铺。铺贴时卷材应按屋面长度方向配置，尽量减少接头数量；并要按顺流水坡度方向，由低处向高处顺序粘贴（即顺水接槎），逐渐顺压至屋脊，最后用一条卷材封脊。通过试铺，就能保证卷材铺贴得平整美观，并使两幅卷材之间接缝宽度达到均匀一致。 4）施工时应选择晴朗天气，施工气温一般为 5～30℃。下雨、下雪、刮大风以及预计要下雨、雪的天气均不得施工。施工时突遇下雨，则必须在已粘好的卷材一头用密封膏进行密封，以免渗入雨水。 5）防水卷材及其辅助材料，一般都有保管期；若超过保管期或发现材质有变化时，应先进行检验，对确已变质的材料剔除不用。另外各种材料在保管时，应切实遵守通风、隔潮、防雨、防压、防火、防爆等有关要求

16.4 技术交底

16.4.1 施工准备

1. 材料要求

3mm 厚 II 型聚酯胎 SBS 防水卷材，4mm 厚 II 型聚酯胎 SBS 防水卷材，聚氨酯防水涂料、密封材料。

2. 主要机具

扫帚、刷子、剪刀、钢卷尺、小线绳、粉笔、喷灯、手持压辊、干粉灭火器、墨斗。

3. 作业条件

（1）基层浮浆、杂物清理干净，阴阳角圆弧设置到位，验收合格。

（2）水、电预留预埋等安装完毕。

（3）雨水口安装到位。

16.4.2 操作工艺

基层处理→喷涂基层处理剂→验收→附加层→验收→ 3mm 厚 II 型聚酯胎 SBS 防水卷材热熔满粘铺贴→验收→ 4mm 厚 II 型聚酯胎 SBS 防水卷材热熔满粘铺贴→验收→蓄水试验→验收。

1. 基层处理

（1）将尘土、浮浆、杂物等清扫干净，表面残留的灰浆硬块和凸出部分应铲平、扫净、抹灰、压平，阴阳角处应抹成圆弧，圆弧半径不小于 50mm。

（2）基层表面应保持干燥，并要平整、牢固。基层干燥程度简易检验方法：将 1m² 卷材平坦地干铺在找平层上。静置 3 ~ 4h 后掀开检查，找平层与卷材上均未见水印即可铺设。

2. 喷涂基层处理剂

（1）基层处理剂的选择应与卷材的材料相容。

（2）基层处理剂应配比准确，并应搅拌均匀。

（3）喷涂基层处理剂前，应用毛刷对屋面节点、周边、转角等处先进行涂刷。

（4）基层处理剂的喷涂应均匀一致、不得透底，待其干燥后应及时铺贴卷材。

3. 附加层

排风道、出屋面管道、排气管、女儿墙、机房层等阴阳角部位应做 500mm 宽、3mm 厚防水附加层，附加层满粘、雨水口、排气管、排气孔部位应刷聚氨酯防水涂料，检查验收合格后方可进行大面积施工。

4. 铺贴第一层卷材

（1）卷材宜平行屋面最高处的分水线（东西方向）铺贴，上下层卷材不得相互垂直铺贴，并由屋面最低标高向上铺贴。

（2）卷材铺贴前，应进行试铺，确认无误后方可进行大面积铺贴；泛水部位铺贴前应将立面卷材长度留足（泛水高度不应小于完成面 250mm），先铺贴平面至转角处，然后从下向上铺贴立面卷材。

（3）铺贴应采用热熔满粘法，并宜减少卷材短边搭接；熔化热熔改性沥青材料时，应采用专用喷灯加热，加热温度不应高于 200℃，使用温度不应低于 180℃；火焰加热器的喷嘴距卷材面的距离应适中，幅宽内加热应均匀，应以卷材表面熔至光亮黑色为度，不得过分加热卷材；卷材表面沥青热熔后应立即滚铺卷材，滚铺时应排出卷材下面的空气；搭接部位宜以溢出热熔的改性沥青胶结料为度，溢出的改性沥青胶结料的宽度宜为 8mm，并均匀顺直，当接缝处的卷材上有矿物粒或片料时，应用火焰烘烤及清除干净后再进行热熔和接缝处理，铺贴卷材时应平整顺直，搭接尺寸应准确，不得扭曲。

（4）平行屋脊的搭接缝应顺水流方向，搭接宽度不小于100mm。

（5）同一层相邻两幅卷材短边搭接缝错开不应小于500mm。

5. 铺贴第二层卷材

（1）铺贴方向、施工方法及搭接宽度同第一层卷材。

（2）上下层卷材长边搭接缝应错开，且不应小于幅宽的 1/3（350mm）。

6. 细部节点防水做法

（1）女儿墙、排风道、机房层阴阳角处应增加附加层，附加层在平面和立面的宽度均不小于 250mm。

（2）女儿墙防水、泛水高度不应小于 250mm，在凹槽处收头，金属压条；机房层和排风道处泛水高度不应小于 250mm，收头采用金属压条。

（3）排气管和排气孔处的防水上返高度不应小于 250mm，最内侧采用聚氨酯涂料做防水附加层，附加层在平面和立面的宽度均不应小于 250mm，卷材收头处应采用金属箍和密封材料封严。

（4）水落口处应涂刷一层聚氨酯防水涂料附加层，卷材防水层和涂料附加层伸入落水口不得小于 50mm。

（5）水落口周围直径 500mm 范围内坡度不应小于 5%，防水层下应增设一道聚氨酯附加层，厚度不宜小于 1mm。

（6）屋面水平出入口泛水处应增设附加层和护墙，附加层在平面的宽度不应小于 250mm；防水收头应压在混凝土踏步下。

（7）设施基座与结构相连时，防水层应包裹设施基座的上部，并应在地脚螺栓周围做密封处理。

（8）变形缝泛水处的防水层下应增设附加层，附加层在平面和立面的宽度不应小于250mm。高低跨变形缝在立墙泛水处，应采用有足够变形能力的材料和构造做密封处理。

7. 蓄水试验

蓄水试验：蓄水前，应将落水口位置封堵严密，最薄处水深30～50mm，蓄水时间为24h，蓄水试验合格后方可进行下一道工序的施工。

16.4.3 质量标准

1. 主控项目

（1）防水所用卷材及其配套材料的质量，应符合设计要求。

（2）卷材防水层不得有渗漏和积水现象。

（3）卷材防水层在落水口、泛水、女儿墙、排风道、排气孔、屋面出入口的防水构造应符合设计和规范要求。

2. 一般项目

（1）卷材的搭接缝应粘结牢固，密封应严密，不得扭曲、褶皱和翘边。

（2）卷材防水层的收头应与基层粘结，钉压应牢固，密封应严密。

（3）卷材的铺贴方向应正确，卷材搭接宽度允许偏差为－10mm。

（4）女儿墙的泛水高度及附加层的铺贴应符合设计要求，女儿墙和水落口500mm范围内的卷材应满粘，严禁有空鼓。

（5）防水层及附加层伸入水落口杯内不应小于50mm，并应粘结牢固。

（6）出屋面管道根部不得有渗漏和积水现象。

16.4.4 成品保护

（1）严禁在找平层上堆放有棱角的重物、运输小车，材料堆放应在下方垫柔性材料。

（2）已铺好的卷材防水层，应及时采取保护措施，不得损坏，以免造成隐患。

（3）穿过屋面、墙面等处的管根，不得损伤变位。

（4）变形缝、水落口等处施工中临时堵塞的废纸、麻绳、塑料布等，完工后应及时清运出去，保持管内、口内畅通无阻。

（5）每一层工序施工完毕后，不允许随意在其上行走或堆放材料，以免破坏。

（6）屋面施工完毕后，不允许在其上凿孔、打洞、重物冲击，不许任意在屋面上堆放杂物及增设构筑物。

（7）防水层施工完毕后应及时做好保温层和防水保护层。

（8）防水材料应储存在阴凉通风的室内，储存环境最佳温度为10～30℃，避免雨淋、日晒和受潮，同时严禁接近火源；卷材宜直立堆放，高度不宜超过两层，并不得倾斜或横压。

16.4.5 安全、环保措施

（1）采取一切合理措施，保护防水工程施工工作面的环境。

（2）施工时使用的砂浆要为预拌砂浆或者提前拌好砂浆运至现场，施工用的白灰（块）不得使用袋灰。

（3）铲平原防水层时，用专门的吸尘器吸尘，防止污染环境。

（4）严格按照国家及政府颁布的有关环境保护、文明施工及有关施工扰民、噪声控制的规定，认真学习并严格遵守业主单位对于施工现场的有关环境保护、文明施工的规定，确保安全施工，树立公司良好形象，努力营造绿色建筑。

（5）保证在合同期间，现场中气体散发、地面排水及排污不超过合同文件中综合的数值（如果有），也不超过法律、法规或规章规定的数值（如果有）。

（6）在任何情况下，永久工程和临时工程中均不得使用任何对人体或环境有害的材料。

（7）在整个合同履约期内将严格依照 ISO 14001 环境管理体系要求及公司环境管理手册和程序文件制定并实施与工程施工相关的环保制度和措施。

（8）抓精细管理，现场施工人员一律统一着装，统一佩戴安全帽及胸卡，上下班一律统一持证进出现场。

（9）施工现场严禁吸烟、赌博，一律禁酒，严禁吵闹打架。

（10）对于施工区域的垃圾应及时清理到业主指定的密闭垃圾站；生活垃圾应分袋运装，严禁乱扔垃圾、杂物，及时清运垃圾，保持生活区的干净、整洁，严禁在工地上燃烧垃圾。

（11）位于施工现场外的食堂和宿舍接受业主的统一监督管理，并严格执行当地卫生防疫有关规定，采取必要措施防止蚊蝇、老鼠、蟑螂等疾病传染源的孳生和疾病流行。

17

(17)

屋面
保温层

17.1 施工工艺流程

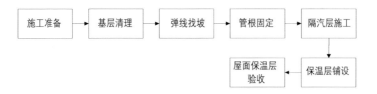

17.2 施工工艺标准图

序号	施工步骤	材料、机具准备	工艺要点	效果展示
1	施工准备	扫帚、刷子、剪刀、钢卷尺、小线绳、手推车、钢锯条、水平尺、刮杠、木抹子	1）屋面结构验收，结构自防水验收合格，交接工作(安装工程的预留预埋等)。 2）屋面施工方案及技术交底。 3）使用材料必须满足设计和施工技术规范的要求。 4）主要机具准备到位	—
2	基层清理		基层表面应将尘土、杂物等清理干净	—
3	弹线找坡		1）按设计坡度及流水方向，找出屋面坡度走向，确定保温层的厚度范围。一般按照 1.5 ～ 2.0m 间距设置灰饼，控制坡度及平整度。 2）找坡层应干燥。当找坡层在未干燥前施作上部隔汽层时，需要在找坡层内安放排气管并设置相应的排气口与之相连，排气口应纵横向设置且间距一般不大于 6m	—
4	管根固定		凸出屋面的管道、支架等根部，用细石混凝土堵实和固定	—

序号	施工步骤	材料、机具准备	工艺要点	效果展示
5	隔汽层施工		1）隔汽层采用单层卷材应满铺，可采取空铺法，其搭接宽度不得小于 80mm。 2）隔汽层采用防水涂料时应满涂刷，不得漏刷。 3）封闭式保温层，在屋面与墙的连接处，隔汽层应沿墙向上连续铺设，并高出保温层上表面且不得小于 150mm	
6	保温层铺设	扫帚、刷子、剪刀、钢卷尺、小线绳、手推车、钢锯条、水平尺、刮杠、木抹子	1）纤维材料保温层铺设时分层滚压，表面应平整，控制虚铺厚度和设计要求的密度。 2）现喷硬质聚氨酯泡沫塑料保温层应按配比准确计量，发泡厚度均匀一致。喷涂时要连续均匀。 3）板状保温层铺设时，对分层铺设的上下层板块间应相互错开，表面两块相邻的板边厚度应一致，板间缝隙应采用同类材料嵌填密实	
7	屋面保温层验收		1）保温层铺平垫稳、压实适当、表面平整、找坡正确。 2）保温层厚度的允许偏差： （1）纤维材料保温层，其正偏差应不限，负偏差应为4%，且不大于3mm。 （2）现喷硬质聚氨酯泡沫塑料保温层，其正偏差应不限，不得有负偏差。 （3）块状材料保温层，其正偏差应不限，负偏差应为5%，且不大于4mm	—

17.3 控制措施

序号	预控项目	产生原因	预控措施
1	铺设厚度不均匀	1）铺设时操作不认真。 2）铺贴过程中未放线	1）铺贴保温层之前对施工人员进行全面的交底。 2）铺贴时应进行放线、拉线找坡，按照放线要求进行铺设
2	铺设的保温层被破坏	保温层完成之后未进行及时成品保护	保温层施工完成之后立即进行成品保护，不得上人或者堆积材料
3	保温层功能不良	1）施工用的保温材料达不到要求。 2）保温材料在铺贴的过程中未密实。 3）未按照施工方案的要求进行施工	1）对于保温层施工的材料进行取样送检制度，检验结果不合格的原材料不得使用。 2）保温材料铺贴的过程中要严格控制其铺设质量，不得出现漏铺或者铺设不密实的现象。 3）施工之前进行三级交底制度，对施工人员进行全面的交底，依照施工方案进行保温层施工作业

17.4 技术交底

17.4.1 施工准备

1. 材料要求

挤塑聚苯板（规格参数满足设计、图纸要求）。

2. 主要机具

扫帚、刷子、剪刀、钢卷尺、小线绳、手推车、钢锯条、水平尺、刮杠、木抹子等。

3. 作业条件

（1）卷材和闭水试验验收合格。

（2）防水层上的积水、杂物清理干净，并晾晒干燥，保证基层整洁。

（3）雨水口和配件安装到位。

17.4.2 操作工艺

保温层施工：

（1）基层应平整、干燥、干净。

（2）弹线确定标高，按照设计要求制定保温板厚度，再确定保温板粘贴标高。

（3）保温板施工采用干铺法施工，保温材料平面应紧靠在基层表面上，并应铺平垫稳，端部与女儿墙上的防水紧贴；女儿墙内侧采用 30mm 厚 B1 级挤塑聚苯板，采用专用胶粘剂与防水卷材满粘牢固，下部与平面的保温板紧贴。

（4）铺设挤塑聚苯板：保温板的铺设要求排列紧密，铺平粘稳，相邻板块应错缝拼接，板间缝隙应采用相同类材料嵌填密实。

（5）保温板不应破碎、缺棱掉角，铺设时遇有缺棱掉角、破碎不齐的，应采用专用工具进行裁切，裁切边应垂直、平整，拼缝处应严密、不得张口，相邻两板面高度一致。

（6）在出屋面管道、设备基础、女儿墙周围铺设保温板处，应对保温板准确切割，铺贴应严密吻合。

（7）用刮杠检查保温板的平整度，对于出现张口及板面不平整的地方进行重新铺设。

17.4.3 质量标准

1. 主控项目

（1）板状保温材料的质量应符合设计要求。

（2）板状材料保温层的厚度应符合设计要求，其正偏差不限、负偏差为5%，且不得大于4mm。

（3）屋面热桥部位处理符合设计要求。

2. 一般项目

（1）保温板铺设应紧贴基层，应铺平垫稳，拼缝严密，粘贴牢固。

（2）保温层表面平整度的允许偏差为5mm。

（3）保温板接缝高低差的允许偏差为2mm。

17.4.4 成品保护

（1）保温层铺好后，不得在其上直接运输小车，行走路线应铺垫方木和脚手板。

（2）保温层施工完成后，应及时开始进行下道工序（及时将隔离层铺设完毕），减少受潮和进水。

（3）绑扎钢筋时严禁将隔离层破坏，破坏的地方及时进行修补。

（4）雨水口等部位应采取临时措施保护好，防止堵塞和杂物进入。

（5）每一层工序施工完毕后，严禁随意在其上行走或堆放材料，以免破坏；防水保护层施工完毕后，未达到1.2MPa严禁上人。

（6）凸出屋面管根、雨水口、设备基础等阴阳角处和周边防水层不得碰损，部件不得变位。

（7）屋面施工完成后，不允许在其上凿孔、打洞、重物冲击，不许任意在屋面上堆放杂物及增设构筑物。

（8）防水层施工完毕后应及时做好保温层和防水保护层。

（9）防水材料应储存在阴凉通风的室内，储存环境最佳温度为10～30℃，避免雨淋、日晒和受潮，同时严禁接近火源；卷材宜直立堆放，高度不宜超过两层，并不得倾斜或横压。

17.4.5 安全、环保措施

（1）建筑工地上的垃圾应及时从建筑工地清除。楼层、屋面垃圾应设置垃圾转运站，禁止将垃圾抛入空中。

（2）车辆不得带泥砂进出现场，要安排专人在现场内外洒水。

（3）禁止焚烧油毡、橡胶、塑料、皮革、树叶、枯草以及各种可能产生有毒、有害粉尘和臭味的材料。

（4）禁止将有毒、有害废物回填进入土体内。

（5）建筑废水不得直接排入河流。

（6）储藏的油、漆、稀释剂、固化剂等液态物质应防止跑、冒、滴、漏，以免污染地面和水源。

（7）餐厅和厕所要防止水污染。

（8）禁止人为控制噪声，禁止大声喧哗，禁止吹口哨，禁止丢弃物品。

（9）选用低噪声设备。

18

屋面涂膜
防水层

18.1 施工工艺流程

施工准备 → 基层处理 → 特殊部位附加增强处理 → 涂布防水涂料 → 收头处理 → 涂膜保护层 → 检查清理 → 屋面涂膜防水层验收

18.2 施工工艺标准图

序号	施工步骤	材料、机具准备	工艺要点	效果展示
1	施工准备		1）屋面基层验收交接工作。 2）屋面施工方案及技术交底。 3）使用材料必须满足设计要求和施工技术规范的规定。 4）主要机具准备到位	—
2	基层处理	电动搅拌器、拌料桶、小型油漆桶、橡皮刮板、塑料刮板、50kg磅秤、油漆刷、滚动刷、小抹子、油工铲刀、扫帚	1）检查找平层质量是否符合规定和设计要求，并进行清理、清扫。若存在凹凸不平、起砂、起皮、裂缝、预埋件固定不牢等缺陷，应及时进行修补。 2）检查找平层干燥度是否符合所用防水涂料的要求。 3）涂布找平层封闭处理剂，以增强涂层与找平层间的粘结力	
3	特殊部位附加增强处理		1）天沟、檐沟、檐口等部位应加铺胎体增强材料附加层，宽度不小于200mm。 2）水落口周围与屋面交接处做密封处理，并铺贴两层胎体增强材料附加层。涂膜伸入水落口的深度不得小于50mm。 3）泛水处应加铺胎体增强材料附加层，其上面的涂膜	

序号	施工步骤	材料、机具准备	工艺要点	效果展示
3	特殊部位附加增强处理	电动搅拌器、拌料桶、小型油漆桶、橡皮刮板、塑料刮板、50kg磅秤、油漆刷、滚动刷、小抹子、油工铲刀、扫帚	应涂布至女儿墙压顶下，压顶处可采用铺贴卷材或涂布防水涂料做防水处理，也可采取涂料沿女儿墙直接涂过压顶的做法。 4）所有节点均应填充密封材料。 5）分格缝处空铺胎体增强材料附加层，铺设宽度为200～300mm。特殊部位附加增强处理可在涂布基层处理剂后进行，也可在涂布第一遍防水涂层以后进行	—
4	涂布防水涂料		1）涂布防水涂料应先涂立面、节点，后涂平面。按试验确定的要求进行涂布涂料。 2）涂层应按分条间隔方式或按顺序倒退方式涂布，分条间隔宽度应与胎体增强材料宽度一致。涂布完后，涂层上严禁上人踩踏走动。 3）涂膜应分层、分遍涂布，应待前一遍涂层干燥或固化成膜后，并认真检查每一遍涂层表面，确定无气泡、无皱褶、无凹坑、无刮痕等缺陷时，方可进行后一遍涂层的涂布，每遍涂布方向应相互垂直。 4）铺贴胎体增强材料应在涂布第二遍涂料的同时或在第三遍涂料涂布前进行。前者为湿铺法，即边涂布防水	

序号	施工步骤	材料、机具准备	工艺要点	效果展示
4	涂布防水涂料		涂料边铺展胎体增强材料边用滚刷均匀滚压；后者为干铺法，即在前一遍涂层成膜后，直接铺设胎体增强材料，并在其已展平的表面均匀满刮一遍防水涂料。 5）根据设计要求可按上述要求铺贴第二层或第三层胎体增强材料，最后表面加涂一遍防水涂料	
5	收头处理	电动搅拌器、拌料桶、小型油漆桶、橡皮刮板、塑料刮板、50kg磅秤、油漆刷、滚动刷、小抹子、油工铲刀、扫帚	1）所有涂膜收头均应采用防水涂料多遍涂刷密实或用密封材料压边封固，压边宽度不得小于10mm。 2）收头处的胎体增强材料应裁剪整齐，如有凹槽应压入凹槽，不得有翘边、皱褶、露白等缺陷	
6	涂膜保护层		1）涂膜保护层应在涂布最后一遍防水涂料的同时进行，即边涂布防水涂料边均匀撒布洁净细砂等粒料。 2）在水乳型防水涂料层上撒布细砂等粒料时，应撒布后立即进行滚压，才能使保护层与涂膜粘牢固。 3）采用浅色涂料做保护层时，应在涂膜干燥或固化后才能进行涂布	
7	检查清理		1）涂膜防水层施工完后，应进行全面检查，必须确认不存在任何缺陷。 2）在涂膜干燥或固化后，应将与防水层粘结不牢且多余的细砂等粉料清理干净。 3）检查排水系统是否畅通，有无渗漏	—

序号	施工步骤	材料、机具准备	工艺要点	效果展示
8	屋面涂膜防水层验收	电动搅拌器、拌料桶、小型油漆桶、橡皮刮板、塑料刮板、50kg磅秤、油漆刷、滚动刷、小抹子、油工铲刀、扫帚	1）涂膜防水层的细部防水构造，符合设计要求。 2）涂膜防水层的平均厚度符合设计要求，最小厚度不应小于设计厚度的80%。 3）涂膜防水层粘接牢固，表面平整，涂刷均匀，无流淌、皱褶、鼓泡、露胎体和翘边等缺陷。 4）涂膜防水层无渗漏或积水的现象	—

18.3 控制措施

序号	预控项目	产生原因	预控措施
1	涂膜防水层厚度不均匀	1）找平层平整度较差。 2）涂膜防水施工前基层未清理干净	1）防水施工前对找平层进行验收，合格之后方能进行防水层施工。 2）防水施工前必须将基层的杂物、灰土清理干净，同时涂膜防水施工前在基层上涂刷基层处理剂
2	涂膜防水层厚度不够	施工队伍未按照施工方案要求的厚度进行施工	涂膜防水施工过程中要分层涂抹，每次涂抹之前需待上一次涂膜固化后进行，且两次涂抹方向应垂直，直至涂抹到设计要求的厚度，涂膜防水的厚度可用刀片割取小块，用游标卡尺进行度量

序号	预控项目	产生原因	预控措施
3	涂膜防水层施工后破损	1）涂膜防水厚度过薄。 2）施工后未及时进行成品保护，被锐利物品划破	1）确保涂膜厚度满足施工方案要求。 2）对施工完成后的防水层进行及时的成品保护措施，禁止行人通行，禁止堆放材料，在防水层四周做好围挡
4	节点处防水不到位	1）密封材料未封堵密实。 2）节点防水处未进行加强处理。 3）节点防水涂膜粗糙	1）所有节点防水施工时，均应先填充密封材料，要求封堵密实。 2）节点处的防水均应按照方案要求进行加强处理，用铺贴胎体材料等方法进行加强。 3）节点处的防水施工要对施工人员进行单独交底，明确节点处防水的施工方法，避免施工人员随意施工
5	涂膜防水层鼓泡	基层不干燥，涂刷时将气泡裹进涂层	涂刷应按事先试验确定的遍数进行，前一遍涂层干燥后应将涂层上的灰尘、杂质清理干净后再进行后一遍涂层的涂刷，后一遍涂料涂布前应严格检查前一遍涂层是否有缺陷，如气泡、露底、漏刷、胎体增强材料皱褶、翘边、杂物混入等现象，如发现上述问题，应先进行修补再涂布后续涂层，如遇起泡应立即消除

18.4 技术交底

18.4.1 施工准备

1. 材料要求

防水涂料。

2. 主要机具

电动搅拌器、拌料桶、小型油漆桶、橡皮刮板、塑料刮板、50kg 磅秤、油漆刷、滚动刷、小抹子、油工铲刀、扫帚。

3. 作业条件

（1）防水层施工前，应经监理单位（或建设单位）检查验收。

（2）防水层材料应有产品合格证书和性能检测报告，材料的品种、规格、性能等应符合现行国家标准和设计要求，并经抽样复试合格。

（3）涂刷防水层的基层表面，应将尘土、杂物彻底清扫干净；表面残留的灰浆硬块及凸出部分应清除干净，不得有空鼓、开裂及起砂、脱皮等缺陷。设备预埋件已安装好。

（4）伸出屋面的管道、设备或预埋件等，应在防水层施工前安装完毕。屋面防水层完工后，不得在其上凿孔、打洞或重物冲击。

（5）防水层施工严禁在雨天、雪天和五级风及其以上时施工。溶剂型防水涂料施工时环境气温不得低于 −5℃，水溶型防水涂料施工时环境气温不得低于 − 10℃。

（6）基层表面应保持干燥，并要求平整、牢固，阴阳角转角处应做成圆弧或钝角。

18.4.2 操作工艺

1. 清理基层

先用铲刀和扫帚等工具将基层表面的凸起物、砂浆疙瘩等异物铲除，并将尘土杂物彻底清扫干净。对凹凸不平处，应用高强度等级水泥砂浆补齐或顺平。对阴阳角、管根部位、地漏和排水口等部位更应认真清理。

2. 防水附加层施工

（1）打开包装桶搅拌均匀。严禁用水或其他材料稀释产品。

（2）细部做附加层。地面、墙面的管根、地漏、排水口、阴阳角、变形缝等细部薄弱环节，应先做一层附加层。

3. 涂膜施工

（1）涂膜防水材料的配制：按照生产厂家指定的比例分别称取适量的液料和固体分料组分。搅拌时把分料慢慢倒入液料中并充分搅拌不少于 10min 至无气泡为止。搅拌时不得加水或混入上次搅拌的残液及其他杂质。配好的涂料必须在厂家规定的时间内用完。

（2）涂膜的施工：施工可采用长板刷或圆形滚动涂刷，涂刷要横竖交叉进行，达到平整均匀、厚度一致。每层涂刷完约 4h 后涂料可固结成膜，此后可进行下一层涂刷。为消除屋面因温度变化产生胀缩，应在涂刷第二层涂膜后铺无纺布同时涂刷第三层涂膜。无纺布搭接要求不小于 100mm。屋面涂刷不得少于五遍，厚度不得小于1.5mm。

4. 保护层

涂膜防水作为屋面面层时，不宜采用着色剂类保护层。一般应铺面砖等刚性保护层。

18.4.3 质量标准

1. 主控项目

（1）防水涂料和胎体增强材料的质量必须符合设计要求。

（2）涂膜防水层不得有渗漏或积水现象。

（3）涂膜防水层在檐口、檐沟、天沟、水落口、泛水、变形缝和伸出屋面管道的防水构造，必须符合设计要求。

（4）涂膜防水层的平均厚度应符合设计要求，最小厚度不应小于设计厚度的80%。

2. 一般项目

（1）涂膜防水层与基层应粘结牢固，表面平整，涂布均匀，无流淌、皱褶、起泡和露胎体等缺陷。

（2）铺贴胎体增强材料应平整顺直，搭接尺寸应准确，应排除气泡，并应与涂料粘结牢固；胎体增强材料搭接宽度的允许偏差为 −10mm。

18.4.4 成品保护

（1）已涂刷好的防水层，应及时采取保护措施，不得损坏，以免造成隐患。

（2）穿过屋面、墙面等处的管根，不得损伤变位。

（3）变形缝、水落口等处施工中临时堵塞的废纸、麻绳、塑料布等，完工后应及时清理出去，保持管内、口内畅通无阻。

（4）防水层施工完成后，应及时做好保护层。

（5）施工时不得污染墙面等部位。

18.4.5 安全、环保措施

（1）可燃类防水、保温材料进场后，应远离火源；露天堆放时，应采用不燃材料完全覆盖。

（2）防火隔离带施工应与保温材料施工同步进行。

（3）不得直接在可燃类防水、保温材料上进行热熔或热粘法施工。

（4）喷涂作业时，应避开高温环境；施工工艺、工具及服装等应采取防静电措施。

（5）施工作业区应配备消防灭火器材。

（6）火源、热源等火灾危险源应加强管理。

（7）严禁在雨天、雪天和五级风及其以上时施工。

（8）屋面周边和预留孔洞部位，必须按临边、洞口防护规定设置安全护栏和安全网。

19

屋面细石混凝土保护层

19.1 施工工艺流程

施工准备 → 基层清理 → 贴饼 → 设置分格缝 → 绑扎钢筋网片 → 浇筑细石混凝土 → 养护

19.2 施工工艺标准图

序号	施工步骤	材料、机具准备	工艺要点	效果展示
1	施工准备		1）屋面验收交接工作。 2）根据设计图纸及相关施工验收规范编制施工方案。 3）按照施工方案要求做好技术、安全交底。 4）细石混凝土的原材料及配合比必须符合设计要求	—
2	基层处理	手推车、铁锹、铁抹子、木抹子、水平刮杠、小线绳、水平尺、平板振捣器等	将屋面清扫干净，不得有任何杂物	
3	贴饼		根据坡度及标高控制好面层标高，标高控制采用灰饼标示，每隔1.5m贴一个灰饼	—
4	设置分格缝		细石混凝土保护层的分格缝，应设在变形较大和较易变形的屋面板的支承端、屋面转折处、防水层与凸出屋面结构的交接处，并应与板缝对齐，其纵横间距应控制在6m以内	
5	绑扎钢筋网片		1）钢筋网片的保护层厚度不应小于10mm，钢丝必须调直。 2）钢筋网片要保证位置的正确性并且必须在分格缝处断开	

序号	施工步骤	材料、机具准备	工艺要点	效果展示
6	浇筑细石混凝土	手推车、铁锹、铁抹子、木抹子、水平刮杠、小线绳、水平尺、平板振捣器等	1）混凝土浇筑应按照由远及近，先高后低的原则进行。在每个分格内，混凝土应连续浇筑，不得留施工缝，混凝土要铺平铺匀，用高频平板振捣器振捣或用滚筒碾压，保证达到密实程度，振捣或碾压泛浆后，用木抹子拍实抹平。 2）待混凝土收水初凝后，大约10h，起出木条，避免破坏分格缝，用铁抹子进行第一次抹压，混凝土终凝前进行第二次抹压，使混凝土表面平整、光滑、无抹痕。抹压时严禁在表面洒水、加干水泥或水泥浆	
7	养护		1）细石混凝土终凝后（12~24h）应养护，养护时间不应少于14d。 2）养护初期禁止上人。养护方法可采用洒水湿润，也可采用喷涂养护剂、覆盖塑料薄膜或锯末等方法，必须保证细石混凝土处于充分的湿润状态	

19.3 控制措施

序号	质量预控项目	产生原因	预控措施
1	女儿墙与防水层相交处开裂	分格缝未做到头	在女儿墙与防水层相交处，将分格缝做到女儿墙边，使泛水部位完全断开

序号	质量预控项目	产生原因	预控措施
2	屋面防水层开裂	1）屋面分格缝没有与屋面板端缝对齐。 2）在外荷载、徐变和板面与板底温差应力作用下，使防水层开裂	1）分格缝设置要合理。 2）普通细石混凝土和补偿收缩混凝土防水层的分格缝宽度宜为20～25 mm。分格缝中应镶填密封材料，上部铺贴防水卷材
3	屋面积水	防水层未按照设计要求找坡或找坡度不准确	屋面防水层施工之前进行放线找坡，验收完成之后才能进行施工
4	伸出屋面的管道与防水层交接处开裂	伸出屋面的管道与防水层在温度应力或者荷载的作用下产生相对位移导致开裂	1）伸出屋面的管道，与刚性防水层相交处应留设缝隙，用密封材料镶填，并应加设柔性附加层。 2）收头处应固定密封

19.4 技术交底

19.4.1 施工准备

1. 材料要求

ϕ6.5 钢筋，C20 商品混凝土。

2. 主要机具

扫帚、刷子、钢卷尺、小线绳、手推车、钢锯条、水平尺、刮杠、木抹子。

3. 作业条件

（1）卷材和闭水试验验收合格。

（2）基层上的积水、杂物清理干净，并晾晒干燥，保证基层整洁。

（3）雨水口和配件安装到位。

19.4.2 操作工艺

1. 钢筋绑扎

40mm 厚 C20 细石混凝土，内配 φ6.5 双向 @200 钢筋网片，钢筋端部距墙不得小于 30mm；以免破坏保温层和防水；钢筋弯折为 135°，弯折长度 80mm，搭接长度为 350mm，弯钩应平放，下部设置 20mm 厚垫块、间距 800mm 梅花形布置。

2. 贴灰饼

（1）钢筋绑扎完毕后做 40mm 厚防水保护层灰饼，灰饼间距 1500mm（根据坡度间距可适当进行减小）。根据屋面平整度确定灰饼厚度，厚度应低于混凝土面 2mm。

（2）雨水口周围 500mm 范围边界处应单独设置灰饼确定标高，以精确满足排水坡度 5%。

3. 浇筑混凝土

（1）混凝土浇筑前应用方木和木胶板铺设专门的通道，隔离层和保温层不得受损，钢筋不得移位。

（2）混凝土浇筑应从一端向另一端进行，由远及近，浇筑时注意控制混凝土的铺摊厚度，均匀、缓慢放料，及时用混凝土耙将混凝土铺摊均匀，用平板振捣器振捣均匀、密实，然后用刮杠沿灰饼刮平，木抹子进行表面平整度的修整，并用刮杠检查平整度。

（3）表面精平后、用铁抹子进行第一遍收面压光；混凝土初凝后，用木抹子和铁抹子进行第二遍收面压光；混凝土终凝前，用混凝土收面机进行第三遍收面压光，边角部位人工用铁抹子仔细压光。

4. 养护

最后一遍收面完成 12h 内（根据混凝土表面的实际情况确定）洒水养护，持续保持混凝土表面湿润，养护时间不少于 7d。

5. 分格缝设置

（1）分格缝应先排布、弹线；位置应准确、横平竖直、间距 6m×6m，屋面排气孔应处于纵横向分格缝的交接处；屋面分格缝与女儿墙防水保护层的竖向分格缝应对齐。

（2）靠近女儿墙、出屋面管道、机房层、设备基础等处的分格缝宜进行预留，预留宽度 30mm（可预埋 30mm 厚挤塑聚苯板用粘结砂浆与墙保温粘结牢固，待保护层具有一定强度后将其取出）。

（3）屋面大面的分格缝待细石混凝土具有一定强度后宜用切割机进行锯缝，缝深 30mm，宽 20mm；切割遇转角部位应预留一段距离，人工用小切割机进行切割、剔凿，保证边角顺直、平整。下部填憎水膨胀珍珠岩，上部 10mm 范围内嵌沥青密封膏。

（4）屋面分格缝设置完毕后，分格缝居中刷 200mm 宽的有色涂料。

6. 防水保护层细部节点做法

（1）出屋面排气管道、排气孔下部应设置细石混凝土棱台，用以固定管道。

（2）靠近雨水口的坡度应准确，方形盆周边应进行收口。

19.4.3 质量标准

1. 主控项目

（1）保护层所用材料的质量及配合比应符合设计要求和国家现

行标准有关规定。

（2）细石混凝土的强度等级应符合设计要求。

（3）保护层的排水坡度应符合设计要求。

2. 一般项目

（1）保护层不得有裂纹、脱皮、麻面和起砂等现象。

（2）保护层的允许偏差和检查方法应符合下表的规定。

项目	允许偏差（mm）			检验方法
	块体材料	水泥砂浆	细石混凝土	
表面平整度	4.0	4.0	5.0	2m 靠尺和塞尺检查
缝格平直	3.0	3.0	3.0	拉线和尺量检查
接缝高低差	1.5	—	—	直尺和塞尺检查
板块间隙宽度	2.0	—	—	尺量检查
保护层厚度	设计厚度的 10%，且不得大于 5mm			钢针插入和尺量检查

19.4.4 成品保护措施

（1）绑扎钢筋时严禁破坏基层，已破坏的地方及时进行修补。

（2）雨水口等部位应采取临时措施保护，防止堵塞和杂物进入。

（3）每一层工序施工完毕后，严禁随意在其上行走或堆放材料，以免破坏；防水保护层施工完毕后，未达到 1.2MPa 严禁上人。

（4）凸出屋面管根、雨水口、设备基础等阴阳角处和周边防水层不得碰损，部件不得变位。

（5）屋面施工完成后，不允许在其上凿孔、打洞、重物冲击，不许在屋面上任意堆放杂物及增设构筑物。

（6）屋面细石混凝土浇筑完毕，及时覆盖土工布，成品保护到位，48h 内严禁无关人员踩踏。

19.4.5 安全、环保措施

（1）混凝土施工前需对各工种进行全面的安全交底。

（2）用塔式起重机、料斗浇捣混凝土时，起重指挥、扶斗人员与塔式起重机驾驶员应密切配合，当塔式起重机放下料斗时，操作人员应主动避让，随时注意料斗碰头，并应站立稳当，防止料斗碰人坠落。

（3）使用振动机前应检查电源电压，必须经过二级漏电保护，电源线不得有接头，振动机移动时不能硬拉电线，更不能在钢筋和其他锐利物上拖拉，防止割破拉断电线而造成触电伤亡事故。

（4）施工现场提倡文明施工，建立健全控制人为噪声的管理制度，尽量减少人为的大声喧哗，增强全体施工人员防噪声扰民的自觉意识。

（5）严格控制作业时间，晚间作业不超过22点，早晨作业不早于6点，特殊情况需连续作业的应尽量采取降噪措施，事先做好周围居民的通知安抚工作，并报工地所在地区环保局备案后方可施工。

（6）屋面四周采用密目网封闭围挡避免作业面扬尘污染环境。

（7）加强施工环境噪声的长期监测，采取专人负责，专人管理的原则。凡超过现行国家标准《建筑施工场界环境噪声排放标准》GB 12523 要求的，及时对施工现场噪声超标的有关因素进行调整，达到施工噪声不扰民的目的。

（8）施工现场道路随时洒水，减少路面扬尘。